身近な数学

数学で世界への見方が変わる！

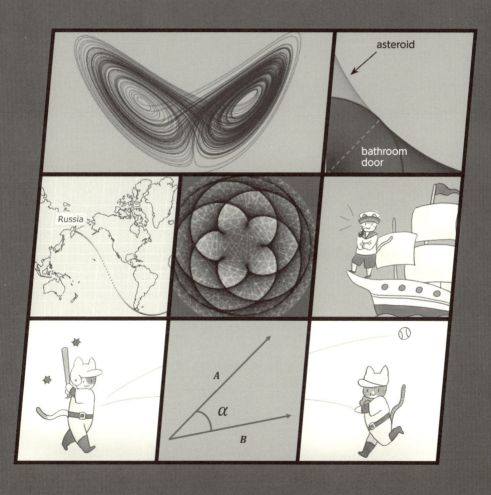

身近な数学 数学で世界への見方が変わる!

CONTENTS

まえがき

　理系なら小学校から大学まで学び続ける科学、ふるいをかけるようにどんどんと難易度が上がっているように思えます。

　それはなぜなのか。もちろん計算や概念が複雑になっていくことも理由ですが、1つの理由に、「現実生活とかけ離れていく」ように思えるからだと思います。

　「リンゴ3つとみかん2つを買ったときの合計」は大人になっても、だれでも使います。

　ですが、"「$y = e^x$」の曲線をy軸上に回転させた体積"を求めたところで、「それで？？」となりますよね。

　だから、多くの人は興味を失い、数学という科目をあたかも苦手なものだと思うようになっていくのです。

　ここで、私の科学（数学や物理など）に対する勉強方法を紹介します。

　これは少年時代から一貫して行なわれているものです。

①内容を勉強して、自分の言葉で理解する。
②問題を解きまくる。
③いろんな人に解き方を教える。
④問題を自分で作ってみる。

　このプロセスを徹底しているからこそ、今でも科学を好きでいられます。

　特に、「自分の身近なもので考える」「この状況を数式で表わすとどうなるのだろうか？」「それははたして解けるのだろうか？」…そうやって、ある種ゲームのような勉強を繰り返していました。

　今回の本は、そのゲームの一端といったところでしょうか。

*

　科学は美しく、また楽しいものです。

　同感できる皆さんも、大人になっていく過程で科学にふるい落とされてしまった皆さんも、一度この本を手に取り、科学の持つ魅力に再度目を向けていただければなと思います。

[対象読者]

・高校まで理系数学を学んでいた人
・高校生で理系数学を履修する予定の人

　本書はなるべくかみ砕いた説明を心がけますが、計算の方法まで網羅的にするような本ではありません。

　しかし、この本をもとに「数学を勉強したい」という人も現われるかもしれません（そう願っています）。

　本書では、各章の初めに必要知識をタグで残しておきます。それをもとに、参考書を手に取りながら実際に自分の手でいろいろ計算してみてください。きっと、世界が変わります。

ほけきよ

[注意]

●この本には数式の検証用にプログラムを書いているところがところどころにあります。これらはPythonで書かれていて、

https://github.com/hokekiyoo/math-around-us

に保存されています。もし復習で動かしてみたいという方は、ご自由にお使いください。

●筆者の性格上、話が脱線しながら進んでいくことも多くあります。結論部は節分けして明確にしておきますが、思考の過程も本書の味だと思い、楽しく読んでいただければ幸いです。

ダウンロードについて

本書内のPythonプログラムは下記から閲覧およびダウンロードができます。

https://github.com/hokekiyoo/math-around-us

第1章

お風呂の「パカパカドア」の面積

必要な知識	・微分/積分（数Ⅲ） ・パラメータ ・包絡線

皆さんのおうちにあるお風呂場、こんな形をしていないでしょうか？

そう、通称『パカパカドア』ですね！私の家もこのドアです。

ある日、シャワーを浴びているとき、このドアをパカパカしていました。

すると、このパカパカドア、なかなか複雑な動きをしているな、と気づきました。

「これは、求めなければならない…!!」

使命感にかられ、すぐさまお風呂を飛び出して計算に取り掛かりました。

問　題

下図左から右のようなお風呂場のパカパカドアについて考える。

このドアが「閉⇒開」までに覆う領域の面積を求めよ。

なお、パカパカドアの一枚の長さを「1」とする。

■ どんな形になるの？

まず、このドアがどんな図形を描くか考えてみましょう。

計算で示せるのですが、とりあえずプロットを重ねていくことで、見てみます。

お風呂ドアの通過領域

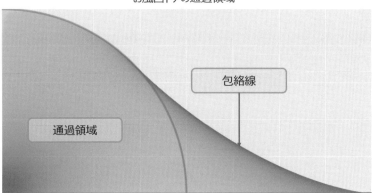

こんな感じ。きれいですね！

円と何らかの曲線が組み合わさったような図形になっていることが分かります。こういう囲まれた図形を「**通過領域**」といい、覆っている曲線を「**包絡線**」と言います。

つまり、この包絡線で囲まれる面積を求めるのが今回のお題です。

それでは、以下の手順で解いていきましょう。

①包絡線の式を求める

②通過領域の面積を求める

① 「包絡線」の式を求める

解 答

下図のようにドアの通る領域を考える。

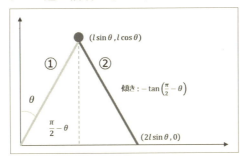

①の通過領域は、半径lの円、②はそれより広そうなので、①の通る領域は、②に内包されることが分かる。

すなわち、②の面積を求めるだけでよい。

線分②の方程式は、「傾き」$-\tan\left(\dfrac{\pi}{2}-\theta\right)$, $\left(l\sin\theta, l\cos\theta\right)$ を通ることから、

$$y = -\tan\left(\frac{\pi}{2}-\theta\right)\left(x - l\sin\theta\right) + l\cos\theta \left(l\sin\theta \le x \le 2l\sin\theta\right)$$

$$y = -\frac{\cos\theta}{\sin\theta}x + 2l\cos\theta \left(l\sin\theta \le x \le 2l\sin\theta\right)$$

これを元に、「通過領域」の面積を求める。

「$x = t$」を固定し、「θ」を動かしたときの「y」の最大値を求める。
「$l\sin\theta \le t \le 2l\sin\theta$」を「$\theta$」に関して変形すると「$\dfrac{t}{2l} \le \sin\theta \le \dfrac{t}{l}$」。
これを満たす「θ」の範囲で、「y」の最大値を求める。

$$\frac{dy}{d\theta} = \frac{t}{\sin^2\theta} - 2l\sin\theta = 0$$

$$\sin^3\theta = \frac{t}{2l}$$

この解を「α」とすると、増減表は下記の通り。

θ	$\cdots$	α	$\cdots$
$\dfrac{dy}{d\theta}$	$+$	0	$-$
y	↗	max	↘

次に考えるのは、「$\sin\alpha$」が「$\sin\theta$」の範囲内 $\left(\dfrac{t}{2l}\le\sin\theta\le\dfrac{t}{l}\right)$ に含まれているか。

「$\dfrac{t}{2l}\le 1$」より、

$$\sin\alpha=\left(\dfrac{t}{2l}\right)^{\frac{1}{3}}\ge\left(\dfrac{t}{2l}\right)$$

次に、「$\sin\alpha$」と「$\dfrac{t}{l}$」の大小関係を調べる。

$$\sin\alpha=\left(\dfrac{t}{2l}\right)^{\frac{1}{3}}\ge\left(\dfrac{t}{l}\right)$$

これを「t」の不等式として整理すると、

$$t\le\dfrac{1}{\sqrt{2}}$$

以上の結果から、

$\dfrac{1}{\sqrt{2}}\le t\le 2l$ のとき、上記の増減表が適用され、$a=\left(\dfrac{t}{2l}\right)^{\frac{1}{3}}$ で最大値 $t\le\dfrac{l}{\sqrt{2}}$ のときは、$\sin\theta=\dfrac{t}{l}$ が最大値となる。

まとめると、「y」が最大となる「θ」は、

$$\sin\theta = \frac{t}{l} \quad \left(0 \le t \le \frac{l}{\sqrt{2}}\right)$$

$$\sin\theta = \left(\frac{t}{2l}\right)^{\frac{1}{3}} \quad \left(\frac{l}{\sqrt{2}} < t \le 2l\right)$$

「y」についての等式より、

$$y = \sqrt{1-\sin^2\theta}\left(-\frac{1}{\sin\theta}t + 2l\right)$$

なので、先ほどの最大値となる「$\sin\theta$」を代入すると、包絡線の式が求められる。

結 果

お風呂のパカパカドアの包絡線は、下式で表わされる。

$$y = \sqrt{l^2 - t^2} \quad \left(0 \le t \le \frac{l}{\sqrt{2}}\right)$$

$$y = \sqrt{1 - \left(\frac{t}{2l}\right)^{\frac{2}{3}}}\left(-t\left(\frac{t}{2l}\right)^{-\frac{1}{3}} + 2l\right) \quad \left(\frac{l}{\sqrt{2}} < t \le 2l\right)$$

式が求まりましたね。

図示すると、このような図形を描きます。

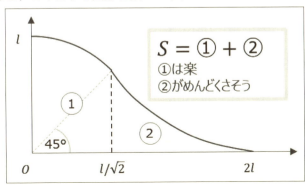

$S = ① + ②$
①は楽
②がめんどくさそう

途中まで円で、途中から複雑な図形を描いているのが分かると思います。

このように、

・断面(今回は「$x=t$」)で切る
・断面における最大値を求める

という手順で「包絡線」を求めることができます。

②面積を求める

式が分かれば、その式に従って「積分」をすることで面積を求められます。

とはいえ、先ほどの図の①部分の面積「S_1」は、積分する必要もありません。
こちら、「半径 l の円」と、「直角二等辺三角形」の組み合わせによる図形なので、簡単に求められます。

$$S_1 = \frac{l^2}{8}\pi + \frac{l^2}{4}$$

問題は「S_2」です。
複雑な曲線なので、こちらは積分する必要があります。

$$\int_{\frac{l}{\sqrt{2}}}^{2l} \sqrt{1-\left(\frac{t}{2l}\right)^{\frac{2}{3}}}\left(-t\left(\frac{t}{2l}\right)^{-\frac{1}{3}}+2l\right)dt$$

$$=2l\int_{\frac{l}{\sqrt{2}}}^{2l} \sqrt{1-\left(\frac{t}{2l}\right)^{\frac{2}{3}}}\left(1-\left(\frac{t}{2l}\right)^{\frac{2}{3}}\right)dt$$

複雑そうですが、きちんと順を追って計算していけば怖くはありません。
高校で学ぶ数学の知識を動員していきましょう。

それでは、解いていきます。

解 答

$\left(\dfrac{t}{2l}\right)^{\frac{1}{3}} = \sin\eta$ とおくと、

$$\dfrac{t}{2l} = \sin^3\eta$$

増減表は、

t	$\dfrac{l}{\sqrt{2}} \rightarrow 2l$
$\sin\eta$	$\dfrac{1}{\sqrt{2}} \rightarrow 1$
η	$\dfrac{\pi}{4} \rightarrow \dfrac{\pi}{2}$

$$\dfrac{dt}{d\eta} = 2l \times 3\sin^2\eta\cos\eta$$

$$dt = 6\sin^2\eta\cos\eta\, l\, d\eta$$

と、表わすことができる。

これより、

$$\int_{\frac{\pi}{4}}^{\frac{\pi}{2}} 2l \times \sqrt{1-\sin^2\eta}\left(1-\sin^2\eta\right) \times 6\sin^2\eta\cos\eta \times l\, d\eta$$

$$= 12l^2 \int_{\frac{\pi}{4}}^{\frac{\pi}{2}} \cos^4\eta\sin^2\eta\, d\eta$$

$$= 12l^2 \int_{\frac{\pi}{4}}^{\frac{\pi}{2}} \cos^2\eta\left(\sin\eta\cos\eta\right)^2 d\eta$$

$$= 12l^2 \int_{\frac{\pi}{4}}^{\frac{\pi}{2}} \dfrac{1+\cos 2\eta}{2}\left(\dfrac{\sin 2\eta}{2}\right)^2 d\eta$$

$$= \dfrac{3}{2}l^2 \int_{\frac{\pi}{4}}^{\frac{\pi}{2}} \left(\sin^2 2\eta + \cos 2\eta\sin^2 2\eta\right) d\eta$$

$$= \dfrac{3}{2}l^2 \left(\int_{\frac{\pi}{4}}^{\frac{\pi}{2}} \dfrac{1-\cos 4\eta}{2} + \left(\dfrac{\sin 2\eta}{2}\right)'\sin^2 2\eta\right) d\eta$$

$$= \dfrac{3}{2}l^2 \left[\dfrac{\eta}{2} - \dfrac{\sin 4\eta}{8} + \dfrac{\sin^3 2\eta}{6}\right]_{\frac{\pi}{4}}^{\frac{\pi}{2}}$$

$$= \dfrac{3}{16}\pi l^2 - \dfrac{l^2}{4}$$

「$S = S_1 + S_2$」より、

$$S = \frac{5}{16}\pi l^2$$

解けましたね。

これがお風呂のドアの通過領域の面積です。

結論

お風呂のドアをパカパカしたときの、ドアの通過領域の面積は、

$$S = \frac{5}{16}\pi l^2$$

■ 複雑な曲線の正体を、一本の線で暴く

さてさて、解いていく中で、一個だけ曖昧にしていた部分があります。
それは「S_2」の図形が何なのかに関しては、触れなかったところです。

「複雑な曲線」と表現しました。しかし、なにか規則的なものがありそうですよね。

そちらの規則を明らかにするには、たった一本、補助線を引くだけで充分なのです。どこに補助線を引けばよいでしょう？

答えは右の図です。

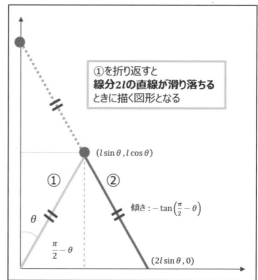

①を折り返すと
線分2lの直線が滑り落ちる
ときに描く図形となる

$(l\sin\theta, l\cos\theta)$

①　②

傾き：$-\tan\left(\frac{\pi}{2} - \theta\right)$

θ

$\frac{\pi}{2} - \theta$

$(2l\sin\theta, 0)$

　図のように、①の線分をパタンと折り返すと、長さ「$2l$」の棒が完成します。
　すなわち、「補助線+②」は、長さ「$2l$」の棒が滑り落ちるときに通過する領域と同等ということになります。

　長さ一定の棒が滑り落ちるときの図形…これは聞いたことがある人も多いかと思います。
　「アステロイド」です。つまり、この図形は「円」と「アステロイド」が組み合わさった図形となっているのです[※]。

　お風呂の「パカパカドア」と「アステロイド」を組み合わせてみましょう。

　「$\dfrac{\pi}{4} \leq \theta \leq \dfrac{\pi}{2}$」でアステロイドと一致していることが分かると思います。

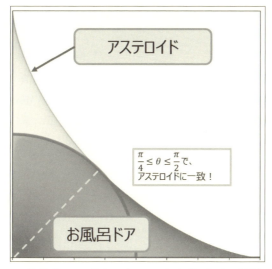

　こんなふうに、抽象化して考えるといろんな共通項が見付かるのも、数学の魅力ですよね！
　ちなみに、「アステロイド」ですが、実は**生活に役立ちます！**
　高校のときに見掛けた「アステロイド」が関係する問題で、「ナルホド！」と思った問題があります。

※かといってアステロイドの計算がそこまで簡単かというとそうではないので、そこは強引に計算しましょう。

問題

「幅 a」の廊下から「幅 b」の廊下へ直角に曲がる曲がり角がある。
この曲がり角を、棒を水平に持って曲がることを考える。このようなことが可能な棒の長さの最大値を求めよ。

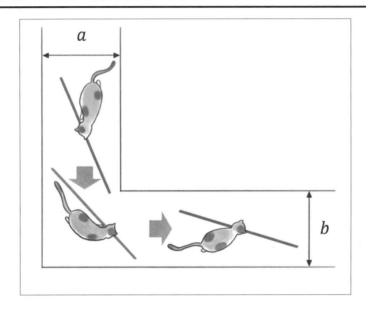

　ほら、長机や物干し竿を買って家に入れたいときとか、あるじゃないですか。でも、家の「大きさ的に運べないかも…」と不安になることもあると思います。

　この「直角廊下を運べる長棒問題」は、意外にタフな問題なのですが、「棒が倒れるときに描く図形はアステロイド」ということを知っておけば、これは簡単に解けます。

解　答

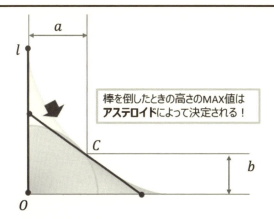

棒を倒したときの高さのMAX値は**アステロイド**によって決定される！

廊下を通れるかの限界かどうかは、壁伝いに棒を擦っていって、Cに棒がぶつかるかどうかで判断できる。

棒が倒れるときの通過領域はアステロイドになるため、原点をOとすると、(a,b) を通過するアステロイドを描くことのできる長さの棒があればよいということになる。

「長さ l 」の棒のアステロイドの式は、

$$\left(x^{\frac{2}{3}} + y^{\frac{2}{3}} \right)^{\frac{3}{2}} = l$$

より、これに「 a,b 」を代入すると、

$$l = \left(a^{\frac{2}{3}} + b^{\frac{2}{3}} \right)^{\frac{3}{2}}$$

　　実際は、一度はきちんと順を追って計算しましょう。しかし、実用的にはこの式さえ知っていればいいのです！廊下の2つの幅を知っておくだけで、家に運び込める棒の最大値を見積もることができます。

　　引っ越しなどでお困りの際は、ぜひこの式を思い出してください。

備　考　「包絡線」が描く桜

　　今回は、お風呂の中に現われる図形について、考えてみました。

　　その中で「包絡線／通過領域」というワードが出てきましたね。「点の動き」は想像しやすいですが、「線が描く図形」というのは、人には想像がつきにくいものです。

　　しかし、見ての通り、美しい図形を描くことが多いのです。逐一計算するのは骨が折れますが、最近はプログラムで簡単に描画ができるので、面白い動きをするものの通過領域を見てみるのは美しく、とても楽しいです。

　　その中でも私のお気に入りの通過領域が織りなす図形を1つ紹介します。「2円に現われる桜」です。

＊

　　円周上を異なる角速度で回る2つの点を考えます。

　　その2つの点をつないで直線にすると、その通過領域に、どのような形が現われるかという問題です。

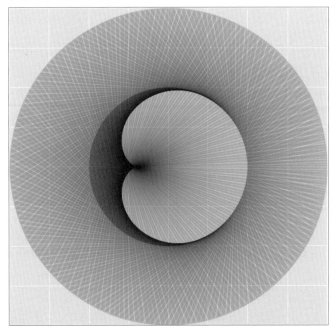

　　角速度の比が「1:2」であるとき、上記のような図形が現われます。この図形には名前がついていて「カージオイド」(Cardioid) と言います。

　心臓のような形なので、ギリシャ語で心臓を表わす「Kardia」から名前を取っているようです。

　それでは、この角速度を変えてみましょう。角速度の比を「8:13」としてみます。
　するとどうでしょう。なんとも美しい形が現われました！
　この角速度の比は、「地球と金星の角速度の比」と同等らしいです。
　惑星の交点を結ぶと、こんなに美しい形が見えてくるのも、なんだか感慨深いですね。

　なぜ、このような図形を描くのかは、本書では割愛します。
　興味がある人はより深く調べてみてください！

第2章　お風呂の「蛇口」のひねり方

必要な知識	・2階微分方程式 ・テイラー展開 ・数値積分

またまたお風呂の話題です。
こんどは家のお風呂ではなく、古き良き銭湯。

　ある日、田舎の温泉に行きました。いまだにペンキで富士山を描いているような古き良き温泉です。
　お風呂の蛇口は、「熱いひねり」と「冷たいひねり」があって、セルフで温度調節をするものです。温度を設定して放置できるものではありません。

　やったことある人なら分かりますが、あれ、かなり難しくないですか？
熱くならない⇒熱い蛇口をひねる⇒熱くなりすぎる⇒冷たい蛇口をひねる⇒冷たくならない⇒冷たい蛇口をもっとひねる⇒冷たくなりすぎる
というのを繰り返すこともあります。

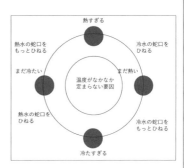

　いわゆる**「温度の振動」**が起きているわけです。でもなんで？気になったので、考えてみましょう！

問 題

> 銭湯の温度が「高温」「低温」で「振動」する理由を考え、モデル化せよ。
> また、振動を消す方法も考え、シミュレーションを行なえ。

■ 通常の振動

まず、「通常の振動」と呼ばれるものについて考えてみましょう。

「振り子」だって「バネ」だって、普通の振動というのは「**反対向きの力**」が発生することで起こります。

ここでは「バネ」をとって考えてみましょう。

バネは、「伸び」に比例して「逆方向の力」が強くなります。延ばすほど、縮もうとしますよね。

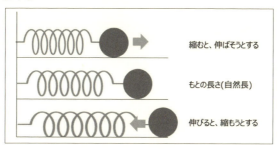

このバネの動きを、物理の知識で解いてみます。

「2階の常微分方程式」、せっかくですし、少しまじめに解いてみましょう。

こんな風に、「運動方程式」から「振動」が導けるんだと、復習になればと思います。

運動方程式からバネの振動を導出

「バネの自然長からの長さ」を「x」、「バネ定数」を「k」とする。

バネは「x」に比例して大きな力がかかるため、下式の運動方程式で記述できる。

$$m\frac{d^2x}{dt^2} = -kx$$

「2階の微分方程式」の定石として、

「λ」を未知数、「i」を虚数とおいて、

「$x = e^{i\lambda t}$」に置き換えて計算を進めていく。

$$(i\lambda)^2 e^{i\lambda t} = -\frac{k}{m} e^{i\lambda t}$$

$$-\lambda^2 = -\frac{k}{m}$$

$$\lambda = \pm\sqrt{\frac{k}{m}}$$

これは、「$\lambda = \pm\sqrt{\frac{k}{m}}$ のとき、t に関係なく上記の運動方程式が成立する」ことを示している。

したがって、運動方程式の解は下式のようになる[※]。

$$x = Ae^{i\sqrt{\frac{k}{m}}t} + Be^{-i\sqrt{\frac{k}{m}}t}$$

ここで、バネの初期値（$t = 0$ で位置（x）が L，速度 $\left(\frac{dx}{dt}\right)$ が0とする）。

$$x(0) = A + B = L$$

$$\left(\frac{dx}{dt}\right)_{t=0} = A - B = 0$$

したがって、「A, B」は、

$$A = B = \frac{L}{2}$$

となる。

※運動方程式に代入して、0になることを確かめてみましょう。

これを解に代入して、

$$x = \frac{L}{2}\left(e^{i\sqrt{\frac{k}{m}}t} + e^{-i\sqrt{\frac{k}{m}}t} \right)$$

関係式「$e^{ix} = \cos x + i \sin x$」より、

$$e^{i\sqrt{\frac{k}{m}}t} + e^{-i\sqrt{\frac{k}{m}}t} = 2\cos\sqrt{\frac{k}{m}}t$$

したがって、

$$x = L\cos\sqrt{\frac{k}{m}}t$$

きちんと出ましたね！バネが本当に振動することを式で表わせると、けっこう感動しませんか？

振幅「L」、周期は「$T = 2\pi\sqrt{\frac{m}{k}}$」の振動となります。

プロットをすると、次のようになります。

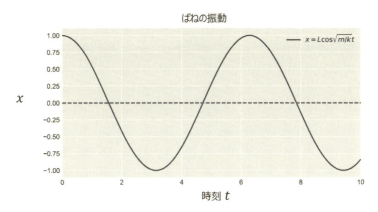

ばねの振動

一般的に「振動」というのは、このような反対向きの力（復元力）を考慮に入れた計算の結果現われるものです。

■ お湯の温度の振動の原因は？

では、はじめに書いた温度の振動に、**復元力**は働いているのでしょうか。
特に温度を妨げる要因があるかと考えても、あまり見当たりません。
何が原因なのでしょう。

「古い蛇口」と「新しいシャワー」の大きな違いは、「温度調節したときの反映時間」です。
たとえば、温かくしようと赤い蛇口をひねると、その10秒後くらいに熱くなり始めたりします。

これは、経験的に分かっていれば対処のしようもある(変化するまでじっと待つ)のですが、知らない中で対処しようにも難しいのです。

そのため、

> 熱くならない⇒熱い蛇口をひねる⇒熱くなりすぎる⇒冷たい蛇口をひねる
> ⇒冷たくならない⇒冷たい蛇口をもっとひねる⇒冷たくなりすぎる

という温度の振動が起きるわけです。
「復元力」というより、「時間遅れ」が効いているのですね

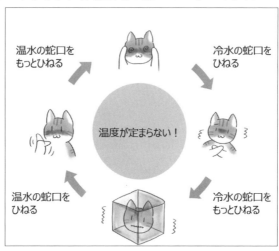

温水の蛇口をもっとひねる

冷水の蛇口をひねる

温度が定まらない！

温水の蛇口をひねる

冷水の蛇口をもっとひねる

■ 時間遅れ微分方程式

なるほど定性的には理解できました。

けれど、これじゃまだあんまり納得いかないですね。やはり**モデル化して数式に落とし込みたい**わけです。

先ほどまでの話を数式で表わしてみたくなりますよね。表わしましょう！

*

お風呂に入るときの理想の温度「T_0」があって、それよりも現在温度が高かったら下げる、低かったら上げる。ただし、温度の変化の反映には時間（τ秒）がかかる。つまり、現在の温度に対して、変化が生じるのはτ秒前の動作に対してということになる。

これを最も単純に、次式で表わします。

$$\frac{dT(t+\tau)}{dt} = -k(T - T_0)$$

先ほどの振動の話で作った「微分方程式」は、右辺が即座に反映されるようになっていましたが、この場合は、右辺の影響が少し後に出ます。

なので、「時間遅れ微分方程式」（Delayed Differential Equation：DDE）と呼ばれます。

■ 数値的に解く

本当に振動するかどうか、数値的に解いてみます。

今回は「数値積分法」として、「4次のRunge-Kutta法」を使いましょう。懐かしいですね！

時間遅れを考慮しないといけないので、アルゴリズムを少しだけいじります。

（「Runge-Kutta法」のプログラムは以下にあります。わけが分からない人も、コピペして実行してみてください）。

https://github.com/hokekiyoo/math-around-us

※本当にモデル化するときは、地道な観測によりパラメータを当てましょう。ここでは定性的な挙動をみるだけなので、これで良しとします。

計算に必要なパラメータの一覧は、以下の通りです。

理想温度差に対する反応の大きさ	$k = 1$
理想の温度	$T_0 = 50$
はじめのお湯の温度	$T(t = 0) = 30$
(計算用) 時間刻み幅	$dt = 0.1$

　これらを初期値にして、時間遅れ「τ」を「$\tau = 0, 1, 2$」とパラメータを降ってみた結果、温度がどのようになるか、数値計算した結果がこちらです。

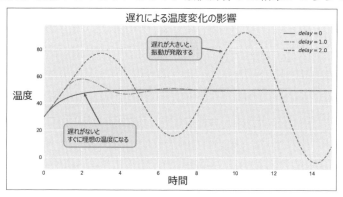

　「時間遅れ」がまったくない場合（$\tau = 0$）、そのときの温度に応じて適切な処置を打つことができます。つまり、完全に温度調整が成功している稀有な例です。

　しかし、現実世界でこんな奇跡的な温度調整が成立することはありません。たいてい、「時間遅れ」が少しあります。そして、時間遅れによって温度は大きく変わってくるのです。

　「$\tau = 1$」を見てみましょう。
　序盤で、少し目標温度周りをうろちょろしているのが分かると思います。そして、しばらく経って目標温度に落ち着く。すこし温度が揺らぎました。
　さらに時間遅れがひどくなると、悲惨な状況に陥ります。

　「$\tau = 2$」の例を見てください。
　温度が目標温度に達するどころか、目標温度からどんどんと離れていってしまいます。これではもうどうしようもありません。あとは温度が発散しヤケドへ一直線です。

　このように、「時間遅れ」という概念を入れるだけで、温度は「減衰振動」のような挙動を示すのです！

＊

　ところで、「振動」は「二階の線形微分方程式」の解として出てくることが多く、その場合、解に三角関数が含まれます。

　しかし、「時間遅れの微分方程式」は「一階の微分方程式」にもかかわらず、「振動」が出てきました。こちら、何も関係ないとは言えないのではないでしょうか。

　そこで、「$x = \sin t$」という、とても単純な数式を次のように変換してみましょうか。

「三角関数」の性質より、

$$\cos t = -\sin\left(t - \frac{\pi}{2}\right)$$

一方で、微分を用いると、

$$\frac{d}{dt}(\sin t) = \cos t$$

「$f(t) = \sin t$」として、両者を組み合わせると、

$$\frac{df}{dt} = -f\left(t - \frac{\pi}{2}\right)$$

となります。

　これから、「三角関数」は「時間遅れ方程式」の特別な条件下での解ということが分かりました。こんな見方もあるんですね！

　道具によって、解釈をさまざまに変えうるのも数学の魅力です。

■ 人間の「賢さ」で温度の発散を防ぐ

　さて、「時間遅れ」により、温度が発散するというのは、数式的にも正しいようです。

　「温度の発散を防ぐには、時間遅れを小さくすればいい」というのも分かりました。

　しかし、よく考えてください。

　ボロボロの温泉の蛇口を改造して、蛇口をひねったらすぐ狙った温度になるような最先端の温度調節機能を作ることができるでしょうか。それはほとんど不可能に近いです。

　つまり、「時間遅れ」の値は変えることができないのです。

　どこを変えればいいでしょうか。

＊

　ここで一度、現実の温泉を想像してみましょう。

　時間遅れがひどくて温度の反映がとても遅いとき、普通は**普通は、時間が経つごとに蛇口をひねる量を小さくしていき、繊細な温度調節**を試みませんか？

　蛇口をひねる量を小さくしたり、ひねってから少し待ったり。とにかく人は学習しながら温度調節をすると思うんです。

　これをモデルに組み込んでみましょう。

＊

　もう一度、先ほどの式を眺めてみます。

$$\frac{dT(t+\tau)}{dt} = -k(T-T_0)$$

　どんな変化への反応も一定にする。機械のようなやつですね。

　ここに、ある種の「人間らしさ」を加えてみます。

　たとえば、こんな風にするのはどうでしょうか

$$\frac{dT(t+\tau)}{dt} = -\frac{k}{\alpha t + \beta}(T-T_0) \quad (t>0)$$

　「時間」の項を分母にもってくることで、時間の経過とともに、温度変化の割合を徐々に下げることが可能になりました（下げ具合は α, β に依存します）。

人の挙動のいち部分ですが、反映できたのではないでしょうか。

これで、同じ時間遅れでもうまく温度調節ができれば成功なのですが…試してみましょう。

上式を先ほど同様に「Runge-Kutta法」を使って解いてみましょう。時間遅れは、先ほど発散した「$\tau = 2$」とします。

人の賢さがない場合と比べた結果が、こちらの図です。

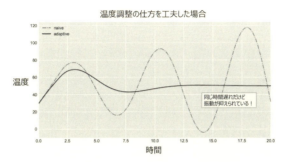

温度調整の仕方を工夫した場合

なんと！同じ蛇口に対して、ヒトの賢さで温度調節ができました！

*

このように、モデル化をすると、「変えられるパラメータ」「変えられないパラメータ」というのがかなり明確になります。

今回は、「時間遅れ」のパラメータは変えられないので、「温度の調整具合を変える」という方法を取ってみました。

「分母に時間の項を加えた」という単純にも見える結果ですが、現実世界と対応付けると、パラメータの意味、裏で動く人間の心理が透けて見えたりして、とても面白くないですか？

そして、狙った通りの挙動をしたときなどは、嬉しいものです。

みなさんも自分だったら現実でどんな動きをするか想像してみてください。

そして、それを数式に起こして解いてみましょう。かなりワクワクする作業ですよ。

結 論

・銭湯の蛇口の温度が安定しないのは「時間遅れ」が大きく関係している

・ちょっとずつ蛇口をひねる量を小さくすることで、温度の発散は防げる。

備　考 「制御工学」と「遅れ」

　「時間遅れ微分方程式」という言葉はあまり馴染みがないかもしれません。けれど、日常に「時間遅れ」はたくさんありますよね。

　たとえば、ニュースでアナウンサーとキャスターの発言がかぶったり。

　製造の現場に目を向けるとこれも当たり前に起こっていることです。ボタンを押してから実際に機械が動き始めるまでの時間だったり、動作スピードを速くするためにダイヤルをひねってもなかなか反応しなかったり。

　実は、こういうことを取り扱う学問が、工学にあります。「**制御工学**」です。

＊

　「制御工学」とは、簡単に言うと、「思い通りの出力をする」ための工学です。

　「アクセルを踏むと車のスピードが上がる」「ブレーキを踏むと下がる」「電子レンジのダイヤルをひねると温度が高くなる」など、**狙った出力をするためにどのように入力をすればいいか**を考える学問です。

　今回の例で言うと、狙った温度(出力)に対し、どうやって蛇口をひねる(入力)を設計するかですね。

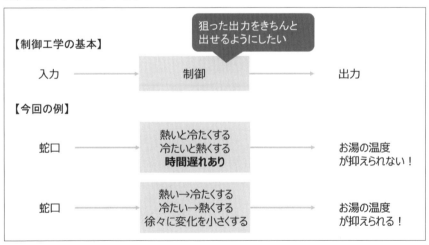

「制御工学」でややこしいのは、「遅れ」という言葉が、別に使われているところです。

今回の例のような、「時間遅れ」には「遅れ」とは使いません。

「一次遅れ要素」「二次遅れ要素」という用語があります。

それぞれ微分方程式を記述する際の「一階微分」の要素、「二階微分」の要素にあたります。

すなわちこれは、機械の直接的な遅れを表わしているわけではありません。「一階微分」というのは「入力の差」という見方ができます。

一般的な、「変位」「速度」「加速度」で考えるのが分かりやすいかと思います。

「速度」は「変位」の「一階微分」ですが、「変位の差」を「時間」で割ったものが「速度」ですよね。

入力が直接反映される訳ではなく、一回差分を挟んだものが反映されるので、「一次遅れ」というのですね。「二次遅れ」も同じ考え方です。

＊

「遅れ」が別の使われ方をしていることは分かった。では、今回の話のような「遅れ」を、制御工学ではどのように表現するのでしょう。

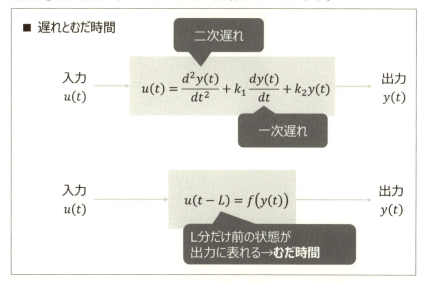

　制御工学では、今回の話に出てきたような遅れを「むだ時間」と呼びます。

　「むだ時間」のある系の制御というのは、かなり難しい要素になります。本章でも分かったかと思いますが、ちょっと時間の遅れがあるだけで、えらく挙動が複雑になるのです。

　しかし、「むだ時間」は現実に当たり前に存在する要素なので、昔から研究者たちはこれらを制御する方法を考案し続けています。

　本質的には、今回取り扱った「時間遅れ微分方程式」と同じです。

　学問の世界では、今回のように「一見異なる現象が、抽象的に見ると同じモデルであらわされる現象だけど、見方や考え方によって発展性が異なる」ことは多くあります。

　「抽象化」して同じと思えるのは、数学がもつ力ですね。ある問題で悩んでいるときは、抽象化して視野を広げてみると実は思わぬ方向で解決策が見付かることもあります。

　有名な例では、ペレルマンという数学者が、「ポアンカレ予想」という数学の超難問を「熱力学」の知見を用いて解いたというのがありますね！

＊

　興味のある方は、「制御工学」を学んでみてください。

　そして、制御工学で時間遅れをどのように効率的に取り扱っているかを調べてみてください。

　すると、今回の「蛇口のひねり方」になぞらえて、どんな工夫をすると温度の振れ幅を効率的に抑えることができるか、新しい発見ができるかもしれません。

ファミレスの"アレ"の体積

第3章

　ある日の仕事帰り、突如「ミラノ風ドリア」を食べたいと思い、ファミレスに向かいました。

　注文したものがすべて終わったところで、店員が、「ご注文は以上でしょうか」といって、頷くと、レシートを持ってくるじゃないですか。

　そのときふと、アレが目の前に入ったんですよね、アレ

　よく見る"アレ"ですね（正式名称は「伝票差し / レシート立て」などというらしいです）。

　コレを見ると、なんとも計算したい形をしていますね。

「これは…計算しなければ！」

　使命感に駆られ、食べるよりも早く、紙とペンを出して計算をはじめました。

問題文は実にシンプルです。

問　題

図のような、ファミレスのアレの体積を求めよ

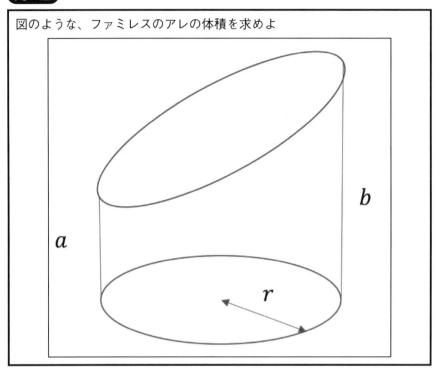

■真っ当に（強引に）解く

まず真っ当に、解いてみましょう。

健全な数Ⅲ履修者ならば、「体積」といえば、脊髄反射で「積分」を思いつくはずです。

ですので、高校3年生で学ぶ求積問題として解きます。

横から見ると台形、上から見ると円なので、それを使いながら解いていきましょう。

解 答

図のように座標を設定する。

「$X = t$」で切ると、断面はどこで切っても長方形になる。

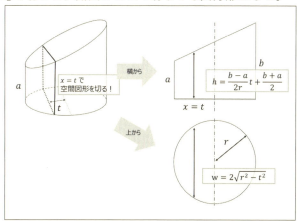

図より、

高さ：$h = \dfrac{b-a}{2r}t + \dfrac{b+a}{2}$

幅：$w = 2\sqrt{r^2 - t^2}$

となるので、「$x = t$」で切ったときの断面積の面積 $S(t)$ は、

$$S(t) = \left(\frac{b-a}{2r}t + \frac{b+a}{2}\right) \times 2\sqrt{r^2 - t^2}$$

つまり、微小体積は「$S(t)\,dt$」で表わされる。

あとはこれを積分するだけなので、

$$V = \int_{-r}^{r} S(t)\,dt$$

$$V = \int_{-r}^{r} \left(\frac{b-a}{2r}t + \frac{b+a}{2}\right) \times 2\sqrt{r^2 - t^2}\,dt$$

$$V = \frac{b-a}{r}\int_{-r}^{r} t\sqrt{r^2 - t^2}\,dt + (a+b)\int_{-r}^{r}\sqrt{r^2 - t^2}\,dt$$

　第一項は「置換積分」、第二項は「半径 r の半円の一部分」であることを利用すると、

$$V = \frac{b-a}{r}\left[\left(-\frac{1}{3}\right)\left(r^2-t^2\right)^{\frac{3}{2}}\right]_{-r}^{r} + \frac{(a+b)}{2}\pi r^2$$

　第一項は「0」なので、

$$V = \frac{(a+b)}{2}\pi r^2$$

　と、かなり綺麗な結果が出ました。求積問題のいい練習になったのではないでしょうか。

＊

　実際の寸法をあるカタログから抜き出してきました（単位は「mm」）。

　「$\pi = 3.14$」として計算すると、

$$5.5 + 8.52 \times 3.14 \times 3.0^2 = 198.10\left(\text{cm}^3\right)$$

となるようです。

　これで、今後ファミレスのアレの体積を聞かれても大丈夫ですね！

結　論

ファミレスの"アレ"の体積は198.10cm³

■ 着眼点を変えて、簡単に解く

　先ほどの答え、かなり綺麗な式になりましたよね。

　こういうときは、「美しい解」が存在することが経験上多いです。今回も例に漏れず、着眼点次第では驚くほど簡単に解けてしまいます。

　その解法を探るために、「どうやってコレが作られたか」に思いをちょっとはせてみましょう。

　おそらく、こんな感じで作られているんじゃないでしょうか。

　これを見るともお分かりの通り、1つの円柱から2つのまったく同じアレが生まれるわけです。

　つまり、(円柱の体積÷2)でOKですね！

$$V = \pi r^2 \times (a+b) \div 2 = \frac{a+b}{2} \pi r^2$$

　なんと一瞬で出せてしまいました。

　積分など、使う必要もなかったのです！こちらのほうが簡潔で分かりやすいですね。

備　考　どちらがスマートな解き方なのか

　さてさて、ファミレスのアレの体積を求めるという問題で、2通りの解法を作ってみました。

　はたして、どちらが「賢い」解き方なのでしょう。

*

　入試問題でこれが出てきたとしたら、後者の解き方が優秀だと思います。計算ミスも少ない簡潔な方法で解けました。

　観点を変えて見ると、こうやって簡単に解決できることって以外に多かったりしますよね。

　特に、綺麗な解になるときは、大抵このような簡潔な方法が眠っている気がします。

　複雑な式を解くよりも、簡単な式に落とし込むほうが何倍も知恵が必要だったりします。簡単な式で表せると「なんだこんなことか」と思うようなことが多いです。

　しかし、その「なんだこんなことか」状態までもっていくのに、かなりの労力がかかります。

　そういう意味では、こちらの解き方はスマートでしょう。

＊

　「だったら、後者の解法だけでいいのでは？」と思う方もいるかもしれません。

　しかし、後者の解き方は、横から見て上下点対称という**特別な場合**にのみ適用できる方法なのです。

　「もし切り口が曲がっていたら？」そういう場合に、前者の解き方が活きてきます。

　数学の強さはここにあり、一度一般化できると、たとえ切り口が曲がっている場合でも、体積を求めることができたりするわけです。

　複雑な断面でも解ける「スマート」な方法なのです。

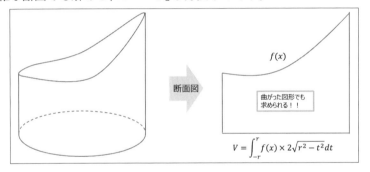

$$V = \int_{-r}^{r} f(x) \times 2\sqrt{r^2 - t^2}\, dt$$

＊

　というわけで、長々と話しましたが、「どっちかがスマートな解法だ！」ということはなく、どっちも理系としてはスマートな解法なんですよね。

　「本質を見抜く力」と**「一般化する力」**。数学の面白いところは、**「答えは1つでもいろんな解き方ができる」**ところです。

　こういう複数の解法を考える習慣を身につけておくと、将来何かと役に立ちます。

　「1+1が2になる」ことを覚えるよりも、「2になるような数式」を10個考えるほうが楽しいし得るものが多いですよ！

「ホームラン」を打つのに必要な「打球」の「速度」は？

第4章

必要な知識
・微分 / 積分
・微分方程式（物理の運動方程式）

　野球、いいですよね。青春が詰まった高校野球、国民的スポーツとして多くの人から愛されるプロ野球、年を追うごとに日本人が活躍するメジャーリーグ…これほど日本人に密着しているスポーツも珍しいでしょう。

　かくいう私も中学生まで野球部に通っていました。なかなか厳しい練習でしたが、部員と苦楽を共にしたのはいい思い出です。
　野手としての野球部のあこがれは、「ホームランを打つこと」ですよね。誰もが一度はスタジアムの柵を超えたい…！そんな思いで日々練習に励むわけです。

　もちろん中学生で野球を辞めた私には、ホームランを打てる技術もパワーも全然ありません。分かっていても、じゃあどのくらいのパワーをつければいいのかはとても気になります。
　そこで今回は、「ホームランを打つのに必要な球速」を考えてみることにしました。

問　題

120mで「ホームラン」となる球場があるとする。
そのとき、「打者」にとって必要な「球速」はどのくらいか、推測せよ。

少し問題としてはあいまいですが、かまわず解いていきましょう!

*

その前に、ボールを打ち上げたときの"軌跡"ってどういうものなのかについて、次の順序で説明します。

①空気抵抗なしver. を考える

(i) 放物線の軌跡を求める

(ii) 距離が最大になるときの角度を求める

②空気抵抗ありver. を考える

① 放物線の軌跡(空気抵抗なしver.)

「野球」「サッカー」「バスケットボール」…おおよそボールを使うスポーツをしたことがある方なら、ボールがどういう軌跡を描くか想像がつくでしょう。

実況がよく、「きれいな放物線を描いた!」とか言いますね。

そう、ボールの軌跡は「放物線を描く」のです。

物理的に、この式を導出してみましょう(なお、ここでは「重力」以外の力は無視します)。

導 出

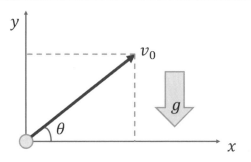

角度「θ」、初速「v_0」でボールを投げるとする。変位「x」の時間微分が速度になるので、「$v = \dfrac{dx}{dt}$」。

また、等加速度直線運動の式

$$v = v_0 + at \quad \text{(aは加速度)}$$

より、

$$\begin{cases} \dfrac{dx}{dt} = v_0 \cos\theta \\[2mm] \dfrac{dy}{dt} = v_0 \sin\theta - gt \end{cases}$$

「x」の微分方程式を解く。

$$dx = v_0 \cos\theta\, dt$$

両辺を積分すると、

$$\int dx = \int v_0 \cos\theta\, dt$$
$$x = v_0 \cos\theta\, t + C$$

「$t=0$」で「$(x,y)=0$」より、「$C=0$」。
よって、

$$x = v_0 \cos\theta\, t$$

「y」についても同様に計算できる。
結果、

$$\begin{cases} x = v_0 \cos\theta\, t \\[2mm] y = v_0 \sin\theta\, t - \dfrac{1}{2} g t^2 \end{cases}$$

「t」を消去して、

$$y = \tan\theta\, x - \frac{g}{2 v_0^2 \cos^2\theta} x^2 \qquad\qquad (1)$$

少しごちゃごちゃしていて見づらいですが、「二次関数」です。
たとえば、「初速30 m/s (=108km/h)，角度30°」とすると、

$$y = \frac{1}{\sqrt{3}} x - \frac{g}{1350} x^2$$

という式で表わされます。

実際に置き換えるとすっきりしますね。

　思えば高校時代、物理の授業で重力の式から本当に放物線が導出でき、「グラフ」と「軌跡」が一致したときは、感動しました。あの感動のおかげで物理が好きになった気がします。

＊

　そうそう、感動した実験といえば、「モンキーハンティング」という実験もありました！

　スナイパーが、サルめがけて銃を撃つ。サルは銃を撃ったと同時に手を放すという設定です。
　この設定だと、（音の速度は無視し、瞬時に届くものとして）**どんな角度でもサルに銃弾が当たってしまう**のです。

　実際に計算をしたことない人、物理室で実験をしたことない人なら「本当？」と思うでしょう。
　しかし、数式でも、実験でも変わらず、当たってしまうのです。計算で、角度に依存しないということが示されてしまうのです。

　計算で分かっていたとしても、まだ疑わしいですね。しかし、目の前でどんな角度にしても実験的なモンキーハンティングマシーンのサルは銃弾にぶち抜かれてしまいました。
　計算結果と実験結果がピタリと一致するとき。これも物理の感動する瞬間ですね！

② 最適な角度を求める（空気抵抗なし ver.）

さて、話を戻しましょう。

導き出した式をもとに、最も飛距離が出る角度を求めましょう。

ボールが地面につくときの距離は、式(1)の「$y = 0$」を解くと求められます。

そのときの解は、

$$x = 0, \quad \frac{2v_0^2 \sin\theta\cos\theta}{g}$$

となります。

「0」は投げ始めの場所なので、この「$\frac{2v_0^2\sin\theta\cos\theta}{g}$」が到達点です。

これを最大化できるような角度を求めたいわけです。

「三角関数」を利用して、最大値を求めましょう。

$$2\sin\theta\cos\theta = \sin 2\theta$$

なので、「$2\theta = 90°$」で最大値となることが分かります。

物理的に最も飛距離の出る角度は「45°」のようですね。

計算によれば、「$v = 30$ m/s（108km/h）」でボールを投げると、

$$x = \frac{30^2}{9.8} \cong 91.8\text{m}$$

も飛ぶようです。

（図は、「30°から60°」を投げたときの軌跡。45°が最も遠くに飛ばせることが分かる）。

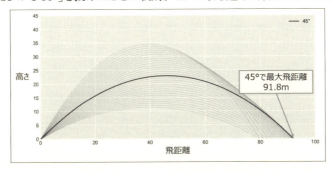

結 果

空気抵抗がない場合、45°でボールを最も遠くに飛ばせる
108km/hで45°で飛ばすと、91.8m飛ぶ

■ 空気抵抗を考慮して解く!

しかし、経験上、野球で「45°」で投げると、大体高く投げすぎと怒られてしまいます。

私も全盛期は「120km/h」くらい出ていましたが、90mも遠投できたかと言われると、正直無理でした。

また、「ボールを投げる角度は、30°くらいが理想だぞ」と監督に教えられました。

なぜもっと低い角度で投げなければならないのでしょう。

それは、「空気抵抗」が関係しています。歩いているときより、走っているときのほうが風を感じますよね。アレです。

空気抵抗ぶんの力を考えて、「運動方程式」を作っていきます。y座標に関する運動方程式は多少ややこしくなりますが、落ち着いて計算してみましょう。

解き方が分からない人は(微分方程式 非斉次系)などと調べてください。

導 出

「空気抵抗」の強さを「k」とする。「運動方程式」は下式。

$$\begin{cases} m\dfrac{d^2x}{dt^2} = -k\dfrac{dx}{dt} \\ m\dfrac{d^2y}{dt^2} = -k\dfrac{dy}{dt} - mg \end{cases}$$

両辺を積分して、初期値、

$$\left(v_x(0), v_y(0)\right) = \left(v_0\cos\theta, v_0\sin\theta\right)$$

を入れると、「速度」と「時間」の関係式が出てくる。

$$
\begin{cases}
\dfrac{dx}{dt} = v_0 \cos\theta\, e^{-\frac{k}{m}t} \\[3mm]
\dfrac{dy}{dt} = v_0 \sin\theta\, e^{-\frac{k}{m}t} - \dfrac{mg}{k}\left(1 - e^{-\frac{k}{m}t}\right)
\end{cases}
$$

さらに「両辺積分」して、初期値、

$$
\bigl(x(0),\, y(0)\bigr) = (0,0)
$$

を代入すると、「変位」と「時間」の関係式が出てくる。

$$
\begin{cases}
x = \dfrac{mv_0 \cos\theta}{k}\left(1 - e^{-\frac{k}{m}t}\right) \\[4mm]
y = \dfrac{mv_0 \sin\theta}{k}\left(1 - e^{-\frac{k}{m}t}\right) - \dfrac{mg}{k}\left(t - \dfrac{m}{k}\left(1 - e^{-\frac{k}{m}t}\right)\right)
\end{cases}
$$

これで、空気抵抗を考えた、時刻「 t 」での「 x, y 」の座標を決定することができました！

先ほどまでは、ここから「 t 」を消去して、軌跡の式にしたのですが、式がややこしくなるので、ここでは「 t 」をパラメータとして残し、「 x, y 」の位置をプロットしていきましょう。

Python ファイルは以下にあります。

https://github.com/hokekiyoo/math-around-us

「空気抵抗がない場合」と「空気抵抗がある場合」で、どのくらい結果に差が出るかを比較していきましょう。

ここでは、

ボール（硬球）の重さ	$m = 0.140\,(\mathrm{kg})$
空気抵抗の係数	$k = 0.03$

としてみます。

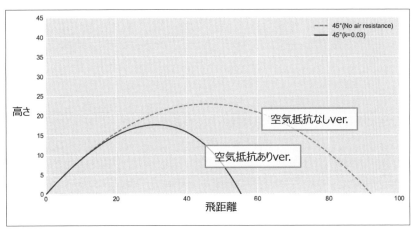

上の軌跡が「空気抵抗なし」の場合、下の軌跡が「空気抵抗あり」の場合です。

こんなにも違うんですね…! (実際は、ボールの回転による浮力がここに加わってくるので、もう少し伸びるはずです)。

このスピードで投げたとき、どの角度で投げるのがよいか、「角度」と「飛距離」の関係をプロットしてみましょう。そのためには、先ほどの青の線の軌跡の落下地点を知る必要があります。近似計算してもいいのですが、面倒なのでコンピュータに強引に計算させましょう。

「Newton法」を用います。手順は下記の通りです。

> ※「Newton法」のアルゴリズムについては [巻末付録] を参照してください。

【手順1.1】

> ① 「 θ 」の値を求める
> ② 初速「 v_0 」を設定する（「30m/s=108km/h」とする）
> ③ 「 $y=0$ 」となる落下時刻「 $t=t_{drop}$ 」を「Newton法」で求める
> ④ 「 t_{drop} 」を「 x 」の式に代入して、飛距離を求める
> ⑤ 「 θ 」を「0.5°」ずつ増やしていく（②に戻る）
> ⑥ （以下ループ）

こうして、ボールを投げる角度ごとの飛距離が出せます。
それをプロットしたものがこちら。

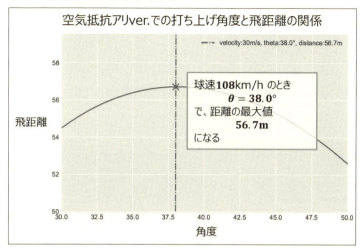

「38°」が「最大飛距離」のようです。やはり 45°で投げるよりも、少し低い角度で投げるほうがボールがよく飛ぶことが分かります。

また、スピードが上がれば上がるほど、さらに低い角度でボールを飛ばすことが大事になってきます。
実際にパラメータをいじって数値的に確かめてみてください。

結　論

> ボールは、空気抵抗を考えると「45°」よりも少し低い角度で投げるほうがいい。

ところで、ここでは「空気抵抗」の係数「k」を既知のものとしました。こちら、「流体力学」を用いると、ある程度理論的に見積もることが可能ですが、空気の温度や形状などによっても変わってくるかなり複雑で難しいものです。

しかし、実験で求めることも可能です。
「空気抵抗」を考慮すると、「**終端速度**」というものが現われます。

雨を想像してみてください。かなりの上空から降り注いできますよね。重

力によって加速されて、猛スピードになるはずです。少し計算してみましょうか。

初速「0」で質量「m」のモノを落としたときの高さ「h」と速度「v」の関係は、「エネルギー保存則」で表わすことができます。

「エネルギー保存則」より、

$$\frac{1}{2}mv^2 = mgh$$

$$v = \sqrt{2gh}$$

上空1kmから雨が落ちるとして、「$h = 10^3, g = 9.8\mathrm{m/s^2}$」を代入すると、

$$v = 140\mathrm{m/s} = 504\mathrm{km/h}$$

となります。

504km/hですよ! F1よりも速いスピードで雨粒がぶち当たると、けがは免れないでしょう。

けれど、雨に打たれて物理的にけがをする人は聞いたことがありません。

それは、物体の速度が「空気抵抗」のおかげで、ある一定のスピード以上にならないからです。

先ほどの y 方向の式に、これ以上スピードが上がらないということで、加速度「$\frac{d^2y}{dt^2} = 0$」、そのときの速度（$dy/dt = v_{\mathrm{final}}$）とすると、

$$0 = -kv_{\mathrm{final}} - mg$$

$$v_{\mathrm{final}} = \frac{mg}{k}$$

となります。

このスピード以上上がることはないので、「終端速度」と呼ばれています。

「空気抵抗」が大きければ大きいほど、「終端速度」が小さくなります。

もう一度式を眺めてみます。

「空気抵抗の係数」が分かれば「終端速度」が分かるように、「終端速度」から「空気抵抗の係数」を求めることも可能です。

$$k = \frac{mg}{v_{\text{final}}}$$

とすると、「空気抵抗の係数」が求まります。

今回の「終端速度」は、時速約「160km/h」だとして「k」を求めました！

■「ホームラン」を打つのに必要な打球速度

さてさて、ここまで準備が終わりました。

いよいよ120m弾を打つのに必要な打球速度を求めていきましょう！

改めて、パラメータは、以下の通りです

硬式ボールの重さ	m = 0.140kg
空気抵抗係数	k = 0.030
重力加速度	g=9.8 m/ s^2

※ボールの回転による空気の影響は無視する

これをもとに、「v_0」を変えながら、「120m」に達する点を求めていきます。

先ほどの結果通り、はじめのスピードが違うと、投げる角度が微妙に違ってきます。

なので、各初速「v_0」ごとに最適な角度を計算して、その最大値を到達点としましょう。

手順は下記の通り。

【手順1.2】

① 時速「v_0」を決める
② 手順1.1の方法で、最適な角度「θ」を求める
③ そのときの飛距離を求める
④ 速度を「+1km/h」ずつ増やして、繰り返す

上記手順で求めた結果の、初速「v_0」と到達点「x_{drop}」の関係をプロットすると、このようになりました。

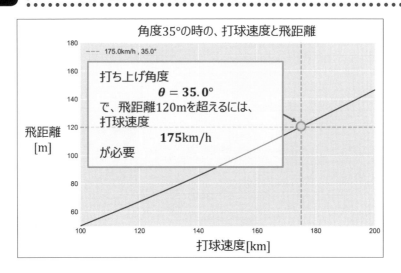

角度35°の時の、打球速度と飛距離

打ち上げ角度
$\theta = 35.0°$
で、飛距離120mを超えるには、
打球速度
175km/h
が必要

これより、ホームランを打つのに必要なスピードが出せました。

結 論

野球でホームラン(120m)を打つには、

- **35°の角度**
- **初速175 km/h**

で打つ必要がある。ただし、回転によるノビなどは無視している。

バックスクリーンに放物線(空気抵抗を含む)を描くために、この打球スピードを目指して日々精進しましょう!

備　考 回転の影響

　さて、ホームランを打つのに必要な打球速度が「時速175km」になることが分かりました。

　けれど、ちょっと考えてみてください。プロって、遠投120mを投げられる人、たくさんいますよね。けれど、「175km/h」を投げる人は人類史上存在しないわけです。

　これは今回の計算では、**回転によるボールの伸び**を考慮していないからです。

　流体力学の専門用語で「マグナス効果」というのがあります。
　「バックスピン」をかけると「浮力」が生じるというのが、物理的に示されています。
　これにより、「175km/h」以下の速度でも「120m」の遠投が実現できるわけです。

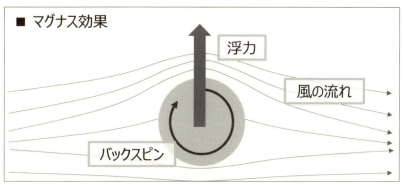

　より興味のある人は、調べてみてください。
　さらに、「マグナス力」が遠投にどの程度影響を与えるのか、物理的に考察してみるのも面白いのではないでしょうか。

第5章

北朝鮮からのミサイルは、どこまで到達するか!?

必要な
知識

・三角関数
・極座標・座標変換

　ある日のニュースで、
「北朝鮮がミサイルを発射しました、日本上空を飛ぶため、半径n[km]以内の箇所は危険！」
と流れました。

　そのとき、お茶の間に表示された「半径n[km]」の図示はこちら。

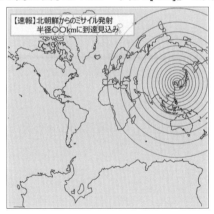

　一見正しそうに見えますね。半径が異なり、同一の点を中心とする円（同心円）をプロットすると、上図になるので、何も間違っていないように見えます。

　でも、これは間違っているのです。何が間違っているか、ヒントは「地球は丸い」です。

■ さまざまな平面地図

「球体」の地球を、「平面」上の地図に落とし込むと、どこかで必ず「歪み」が出来ます。

それでも人々はなんとかして平面に落とし込もうとしました。

*

その方法はさまざまですが、下表のように、性質によって3種類に分類されます。ポイントは、何を正確に描こうとしているかです。

図 法	特 長	例
正角図法	緯線と経線が常に垂直に交わる	正角円筒図法 メルカトル図法
正積図法	面積が正しい	モルワイデ図法 グート図法
正距図法	距離が等しい	正距方位図法

●正角図法

ニュースでも見るような、我々にとって馴染みのある図法は、この「正角図法」です。

そのうち、最も単純な例が「正角円筒図法」です。

地球儀をバナナの皮みたいにむくと、どうしても隙間が出来てしまいます。

このバナナの皮の隙間を埋めるように変形したものが、「正角円筒図法」と呼ばれています。

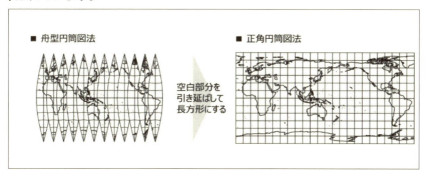

■ 舟型円筒図法　　　　　■ 正角円筒図法

空白部分を
引き延ばして
長方形にする

テレビなどで最もよく使われている図法は「メルカトル図法」です。
地図界の"ザ・スタンダード"ですね。

「正角円筒図法」が、「経度方向」への引き延ばしを行なうものでした。
「メルカトル図法」は、"「経度方向」へ引き延ばしたぶんだけ、「緯度方向」(緯度：ϕ)にも下式の引き延ばしを行なう"という処理を入れたものになります。
つまり、高緯度ほど縦に引き伸ばされます。

$$y = \tanh^{-1}(\sin\phi)$$

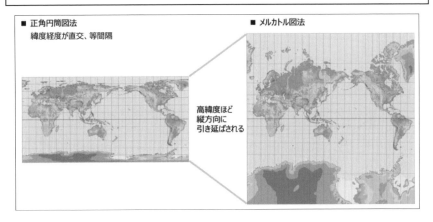

「正角円筒図法」だと、「経度」と「緯度」の縮尺にそもそもの大きな違いが生じるため、「歪み」がひどくなるのに対し、「メルカトル図法」だと、「経度」の縮尺に合わせて「緯度」も引き延ばすため、一部の地方を切り取って拡大された**狭い範囲**では「歪み」を**少なく**できます。

●正積図法
「正積図法」は、名の通り面積が等しくなるように考慮された図法です。代表例は「モルワイデ図法」「グート図法」などです。

いびつな形をした地図が多いです。
正直、あまり使われているところを見たことがないですが、各国の大きさをちゃんと比べたいときとかに使うのでしょうか。
「正角図法」だと、「南極・北極が面積最大！」となっちゃいますからね。

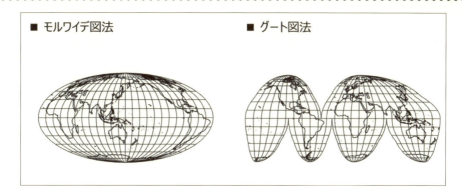

- モルワイデ図法
- グート図法

「正距図法」は距離に焦点を絞った図法です。

この中でも最もポピュラーなものが、「正距方位図法」です。実は、国連の国旗の絵柄もこれです。

- 正距方位図法
- 国連国旗

この図法の良さは、中心からの「距離」と「方位」が正確かつ、「最短距離」（「大圏距離」という）になっているところです。

面積も正しくないし、中心を外れると方位も正しくなくなる、少し「いびつ」な形をしたこの地図、使いどころ分かりますか？

こちらは、主に「航空地図」として用いられています。

自分の機体を中心に置くと、「目的地までの距離と方位」が正確に見えるため、パイロットはそれに従って飛行すればいいのです。

「メルカトル図法」は見やすいいですが、「方向」も「距離」も正確ではないことを考えると、こちらのほうが飛行中の航空地図として適しているように思えます。

*

今日、お茶の間で最もよく見るものが、「**メルカトル図法**」です。

先ほどの地図に、緯度経度情報を載せてみましょう。

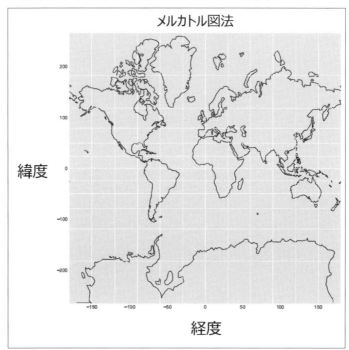

とても直感的で分かりやすいですね。

しかし、「3次元」のものを「2次元」にする時点で、何らかの無茶をしているわけです。

先ほども説明したとおり、「メルカトル図法」は、**緯度の高い地域での経度方向の歪みが大きい**です。そのため、図のように、「グリーンランド」や「南極大陸」がとても拡大されて表示されてしまうのです。

*

さて、ここで一度はじめに立ち返りましょう。

北朝鮮からのミサイルが「半径1000km地点」に届くとの報道があったとき、それを表わす図として、メルカトル図法に1000kmの円を描くのは間違っているわけです。どのくらい間違っているのか、考えてみることにしましょう。

問 題

北朝鮮の首都平壌(ピョンヤン)からミサイルが放たれた。半径1000km地点に届くとする。
補正を入れ、到達範囲を「メルカトル図法」上に正確に書け。
また、補正の有無によって影響を受ける都市はどこか。

■「距離」とは

　おそらく、テレビのニュースで冒頭の図を作った方は、二点間の距離(たとえば平壌、東京の距離)だけを考えて、「ふむ、このくらいの距離なのか、じゃあ同じ距離を表わすには円だな」と考えて円を書いたのかなと思います。

　この気持ちは分かります。
　我々が生きているほとんどの平面空間(数学的にはユークリッド空間といいます)は、「ある点から等距離の店の集合といえば円」だからです。それは式でも記述できるほど明確なことなのです。

　しかし、このように距離を定義できる空間は数ある空間の中の一つに過ぎないわけです。

　空間や用途が変わると、それを計測する距離も変わってきます。
　そして時として、今回の場合のように実際に考えるべき距離との乖離が生じる場合もあるということです。

　「ユークリッド空間」での「等距離」は「円」になりますが、「非ユークリッド空間」である「球」(地球)※での等距離の点の集合を、平面座標上に描くと、、結果は変わってきます。
　今回は、後者の場合のため、距離の算出の仕方から考えなければなりません。

※本当は、地球は完全な「球」ではなく、少しひずんだ「回転楕円体」と呼ばれる図形です。しかし、今回は「球」としておきましょう。

■「大圏距離」と「大圏航路」

　では、球面上に二点があるとき、それら二点間の最短距離で距離をどのように表わせばいいのでしょうか。

　球面上の二点間の最短距離というのは、中心が球の中心で、二点を通る円（大円）を描いた、その「円弧」の長さです。

　図に表わすと、こんな感じです。

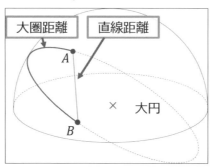

　直線的な距離と違うことが分かると思います。

　この距離のことを「大圏距離」と言い、大圏距離となるルートのことを「大圏航路」といいます。

　以上を踏まえると、解きたい問題は次図のようになります。

[1] 極座標表示を直交座標表示に座標変換するための変換式を導く

[2] [1] の変換式を用いて、球面上の二点A, Bに対し、A,B間の大圏距離を求める式を導く

[3] [2] に基づき、大圏距離の等しい点をプロットする

　まずは「座標変換」です。

　「座標」といえば、「直交座標」が最も基本的ですが、座標を半径と角度で表わす、「極座標」という表現方法も、よく使われます。

　2次元で、「直交座標」と「極座標」を比べたものが下図になります。

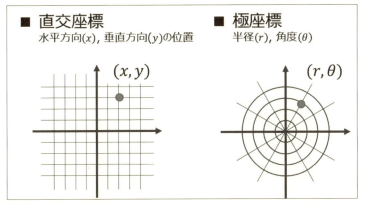

■ 直交座標
水平方向(x), 垂直方向(y)の位置

(x, y)

■ 極座標
半径(r), 角度(θ)

(r, θ)

　「緯度」「経度」は、球面上の点がなす角度を表わしていて「極座標方式」なので、「直交座標」へと「座標変換」をします。

導 出

「緯度 θ」「経度 ϕ」とする。

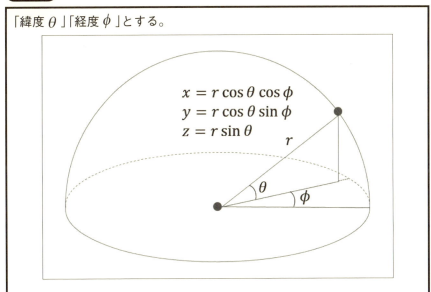

$$x = r \cos\theta \cos\phi$$
$$y = r \cos\theta \sin\phi$$
$$z = r \sin\theta$$

図より、直交座標における x, y, z は

$$x = r \cos \theta \cos \phi$$
$$y = r \cos \theta \sin \phi$$
$$z = r \sin \theta$$

となる。

これで、緯度経度を直交座標で表わすことができます。

＊

次に大圏距離を求めていきます。まず、球面上の2点「A, B」を考え、AB間の大圏距離「d」を求めます。

そのために、下図のようなベクトルA, Bがなす角度「α」を求めます。

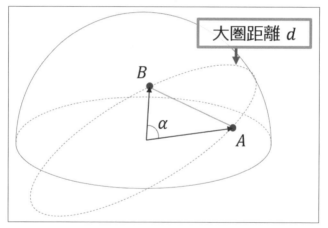

大圏距離 d

導　出

「半径 r の球」において、「地点A, B」の「緯度経度」をそれぞれ (θ_A, ϕ_A), (θ_B, ϕ_B) とする。

対応する「直交座標」は、それぞれ、

$$(x_A, y_A, z_A) = (r \cos \theta_A \cos \phi_A, r \cos \theta_A \sin \phi_A, r \sin \theta_A)$$
$$(x_B, y_B, z_B) = (r \cos \theta_B \cos \phi_B, r \cos \theta_B \sin \phi_B, r \sin \theta_B)$$

となる。

「ベクトルA, B」のなす「角 α」は、「内積の公式」、

$$\cos\alpha = \frac{\vec{A}\bullet\vec{B}}{|\vec{A}||\vec{B}|}$$

より、

$$\cos\alpha = \frac{r^2\cos\theta_A\cos\phi_A\cos\theta_B\cos\phi_B + r^2\cos\theta_A\sin\phi_A\cos\theta_B\sin\phi_B + r^2\sin\theta_A\sin\theta_B}{r^2}$$

$$= \cos\theta_A\cos\theta_B\left(\cos\phi_A\cos\phi_B + \sin\phi_A\sin\phi_B\right) + \sin\theta_A\sin\theta_B$$

$$= \cos\theta_A\cos\theta_B\cos\left(\phi_A - \phi_B\right) + \sin\theta_A\sin\theta_B$$

よって、角度 α は次のように求まります。

$$\alpha = \arccos\left(\cos\theta_A\cos\theta_B\cos\left(\phi_A - \phi_B\right) + \sin\theta_A\sin\theta_B\right)$$

「大圏距離 d」は、「弧の公式 $d = r\theta$」（半径 r、角度 θ）を用い、

$$d = r\arccos\left(\cos\theta_A\cos\theta_B\cos\left(\phi_A - \phi_B\right) + \sin\theta_A\sin\theta_B\right) \qquad (1)$$

となる。

少しだけ計算が複雑でしたが、案外すっきりとまとまりましたね。
これで、大園距離の式が出せたわけです。

　この式を変形して、中心からの大園距離が等しい「緯度、経度」のプロットも行なうことができます。
　「r, θ_A, ϕ_A」を固定して、「θ_B, ϕ_B」に関する式として捉えましょう。「中心」と「距離」を固定で、「等距離線」を引いてみましょう。（こちらもプログラムを参照ください）

　"「大圏距離」ベースで「緯度経度」を出したもの" と、"単純に「円」を描いたもの" が、どれほど違うのかを比較してみます。

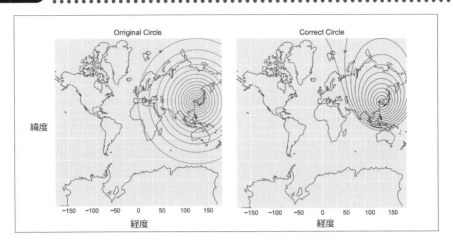

　高緯度になるほどに、「歪み」が大きくなっていることが見て取れると思います。

　このように、「距離」といっても、プロットする空間が違えば、結果が大きく異なります。

■ 補正前後で影響の受ける地域はドコ？

　さて、これで補正の仕方が分かったので、引き続き問題の「半径1000km地点の、補正前と補正後の影響」を考えていきましょう。

＊

　まず、1000kmは、地球を半径とする円周上でどのくらいの角度なのかを考えます。

　「半径 r」「角度 θ (rad)」の扇形の長さ「l」を表わす式「$l = \pi r \theta$」に、

地球の半径 6,357km

を代入すると、

$$1000 = 3.14 \times 6357 \times \theta$$
$$\theta \cong 0.05 \,(\text{rad})$$

「度数法」に直すと、

$$\theta = \frac{180}{\pi} \times 0.05 \cong 2.89°$$

となります。

　この角度を元に、まずは「メルカトル図法」上に「正円」を書いてみて※、緯度による距離補正を入れた補正後の円を重ねてみましょう。

> ※本来、「メルカトル図法」は緯度方向に引き伸ばされているため、「正円」にはなり得ません。
> 「円」を描くには、「緯度」の基準が要ります。
> 高緯度方向の緯度を採用しました。

平壌から半径1000km

補正なし：
高緯度を基準で円を書く

補正あり：
大圏距離ベースの等距離線

さすが「メルカトル図法」、狭い範囲では割と歪みは少ないです。
しかし、それでもズレがあるのが分かりますね。

　特に近畿地方の影響が大きいようです。この地図で言えば、誤った正円を描くと、半径1000km以内に京都は入りませんが、実際は1000kmの範囲内です。

　地図上でのズレは少なくとも、実際に暮らしている人からすれば、たまったものではないでしょう！

　しかし、この章を読んだ方ならもう安心です！

　正円を地図上に見掛けたら、今すぐ補正して正しい範囲に補正しておきましょう。

結　論

> 「メルカトル図法の直線距離」は「大圏距離」ではないので、「等距離線」は「正円」にはならない。
> 「1000km範囲」と言われ、影響を受けるのは、「京都」などを含む「近畿地方」など。

補　足 : 世界一長い直線航路

　この章でも話したとおり、地球上の最短ルート（大圏航路）は、「メルカトル図法」で書かれた地図上では歪みます。

　「大圏航路」を求めるプログラムを書いたので、そちらも参考にしてみてください。

　手順としては、「大圏距離」と同じで、「座標変換」を駆使します。

[手順]

[1]「地点 A、B」を「直交座標」で表わす

[2]「辺 AB」上の「内分点 P」を取る（細かくとればとるほど、詳細な点になる）

[3]「内分点 P」を「半径」と同じ大きさに引き伸ばす（P→P'）

[4]「P'」について、「極座標」に再度変換する

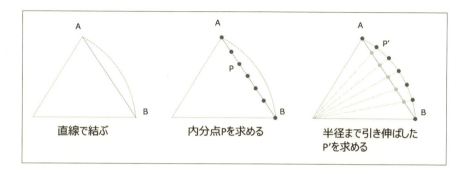

直線で結ぶ　　　　内分点 P を求める　　　　半径まで引き伸ばした P' を求める

　たとえば、北朝鮮からカリフォルニアにミサイルが飛ぶとします。

　メルカトル図法上で見ると、日本にもろかぶりなわけで、ミサイルが失速すると日本国土のどこかに落ちることも考えられます。

　しかし、実際は、そんなことはありません。

　ミサイルは地球上を直線的に飛ぶので、そのコースは「大圏コース」を通ります。

　図のように、「メルカトル図法」上の「直線コース」では日本を通るけど、「大圏コース」では通りません！

大圏コース

メルカトル図法上の
直線コース

これも「平面地図」ゆえのトリックなので、みなさんも平面地図に直線が引かれているときは注意して、「大圏コース」に引き直して考えましょうね！！

＊

ところで、最近、「arXiv」※上で次のようなタイトルの論文を見掛けました。

「Longest Straight Line Paths on Water or Land on the Earth」

2018年7月に書かれた論文のようです。ズバリ、**「最も長い直線航路は、どこからどこまでか」**です！めちゃめちゃ気になりません？

これを調べるにあたっては、平面の地図とにらめっこしていてもだめなわけです。

「直線航路」の発見方法は現論文に任せるとして、ここでは結果だけ見ます。引用すると、

"the path originating in Sonmiani, Las Bela, Balochistan, Pakistan（25。170。N, 66。400 E）, threading the needle between Africa and Madagascar, between Antarctica and Tiera del Fuego in South America and ending in Karaginsky District, Kamchatka Krai, Russia（58?370 N, 162。140 E）. The path covers an astounding total angular distance of 288。350 , for a distance of **32 090 kilometres.**

パキスタンからロシアまでの航路のようですね。

「大圏コース」のプログラムを少しいじって、実際に海を通らないのかプロットしてみました。

※学術論文のプレプリント含む、さまざまな論文が保存・公開されているウェブサイト

結果がこちら。

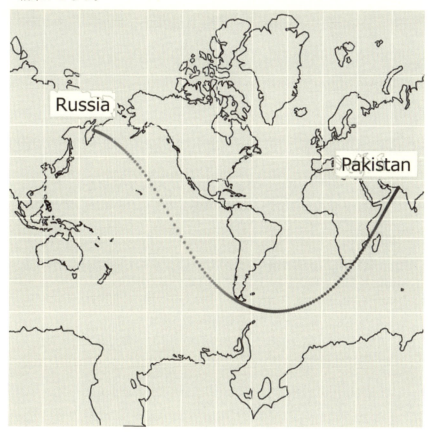

　確かにきれいに大陸を避けながらルートが描かれていることが見て取れます。

　まあ、実際にはずっとまっすぐ進んでいるので、何も避けてはいないんですけどね（笑）。

　しかし、にわかにはこれが「直線」だとは信じられませんね。

　明日から使える豆知識として、みなさんも覚えておいてはいかがでしょうか。

第6章 恋人をGETするために見るべき 最適な人数は?

必要な知識
・数列/漸化式
・微積分

　近頃、パートナーを探す「マッチング・アプリ」が人気です。
「合コン」よりも低価格で「出逢いの場」が生まれるため、使っている
ヒトも多いのではないでしょうか。

　特に、社会人になってから、よくそのワードを耳にするようになりました。
結婚に対する意識が変わってくるからでしょうか。

　かくいう私も、実は使っていた時期があります！
「合コン」一回に払うお金で2ヶ月くらいアプリが使えますからね。
コスパ的には素晴らしいです。

■「マッチング・アプリ」の仕組み

　知らない人も多いと思うので、簡単に「マッチング・アプリ」の仕組みについて、イメージを説明しておきます。

　まず、男女が「お気に入りのヒト」を見つけたら、「いいね」を押します。
　「いいね」を受けたほうが、「いいね」を返してくれたらマッチングが成立します。
　「マッチング」が成立すると、メッセージのやり取りができるようになるんですね。

しばらくメッセージのやり取りをして気に入ったらデートをして…と、どんどん発展していくわけです。

■ 何人のヒトと出会えばいいのか

しばらく頑張ってアプリを使っていると、「いいね」の数も増えてきます。

特に、女性は、きちんとしたプロフィール画像や文章だと、男性よりも圧倒的に多くの「いいね」をもらえます。

男性としては厳しいですが、需要と供給の関係上、ほとんどの「マッチング・アプリ」でこの傾向は変わらないでしょう。

しかし、そうすると、1つの疑問が生まれてきませんか？
「こんなにたくさん"いいね"をもらったけど、**いったい何人に会えばいいんだろう**」

そこで、こんな問題を数学的に解決します！
問題は、次のとおりです。

問 題

「マッチング・アプリ」において、n 人の「いいね」をもらった。
1人ずつデートに行って、順番に付き合う付き合わないを決めるとする。
何人目の相手をパートナーに選ぶのが最もいいか。

いいね：n 人　　　　　　　　　　一番いい人：t 番目

見極め期間（k 人）　　　　　　　実践期間
ただデートをするだけ。**付き合わない**　　　**それまで会った中**で一番良かった人と付き合う

別名「秘書問題」などとも呼ばれています。

「いいね」をくれたヒトは全員付き合うという前提がありますが、今回はこれを解いていきましょう。

解答に入る前に、もう少し前提を整理しておきます。

・恋人が1人欲しい

・n人から「いいね」をもらった

・n人の中から、ランダムにデートに行く

・n人の順位は自分の中で絶対的に決まっている(変動はない)

・デート後に、付き合うかどうかをすぐに決める。

・告白すると、相手は必ずOKしてくれる。

・一度付き合わないと決めた人を振り返ることはできない

・「k番目」までは見極めの期間だとして、「k+1番目」以降で判断する

・「k+1」番目以降、「今まで会った人の中で最もいい人」が現われた人と付き合う

この前提の元で、いちばん好みの人と付き合う確率「$P(k)$」を最大にしたいわけです。

「何人目までを見極めの期間にするべきか」という問題です。

この問題には、以下の手順で答えていきます。

①t番目に最も好みな子がいるとき、その人と付き合える確率「$P_t(k)$」を求める

②「$P_t(k)$」を用いて「$P(k)$」を求める

③「$P(k)$」を最大にする「k」を求める

解　答

n人がランダムに並ぶとすると、n人のうちt番目に最も好みの人が入る確率は「$\dfrac{1}{n}$」。

(i) 「$t \leq k$」のとき

見極め期間中なので、見逃す

「見極め期間」でいちばん好みの人を逃したことになるので、確率「P_1」は、

$$P_t(k) = 0 \quad (t \le k)$$

(ii) 「$t \ge k+1$」のとき

これから最も好みの人に出会う可能性があるが、そのためには、「今まで出会った人の中で最も良かった人が最も好みの人と一致する」必要がある。

逆に言えば、

見極め期間「k」から、最も好みの人がいる「t」の1つ前までは、今までで最も好みの人が更新されてはいけない

ということになる。

つまり、「$t-1$人」見た中で、はじめの見極め期間「k」人の中に、今までで最も好みの人がいなければならないので、確率「P_2」は

$$P_t(k) = \frac{k}{t-1} \quad (t \ge k+1)$$

2つを組み合わせると、t番目に好みの人がいる場合、その人と付き合える確率「$P_t(k)$」は、

$$P_t(k) = \begin{cases} 0 & (t \le k) \\ \dfrac{k}{t-1} & (t \ge k+1) \end{cases}$$

最も好みの人が何番目にいるかはランダムなので、

$$P(k) = \frac{1}{n}\sum_{t=k+1}^{n} P_t(n) = \frac{1}{n}\sum_{t=k+1}^{n} \frac{k}{t-1}$$

$$P(k) = \frac{k}{n}\left(\frac{1}{k} + \frac{1}{k+1} + \frac{1}{k+2} + \cdots + \frac{1}{n-1}\right)$$

さて、立式が出来ました。

この「$P(k)$」を最大とする「k」を求めたいわけですが、このままでは少し厄介です。

なので、ここで仮定をもう1つ入れましょう。

仮　定

n は充分大きい（「いいね」は充分たくさんもらえている）とする

こうすると、「$P(k)$」は、ある「近似式」で書くことができます。

「$P(k)$」のカッコの中身は、「n」が充分大きいと、次のように表わされます。

$$\left(\frac{1}{k} + \frac{1}{k+1} + \ldots + \frac{1}{n-1}\right) \approx \log \frac{n}{k}$$

実際にイコールではないのですが、なぜ「log」で近似できるかは、図を書いてみると直感的に分かります。

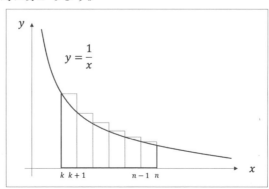

これより、

$$\left(\frac{1}{k}+\frac{1}{k+1}+\ldots+\frac{1}{n-1}\right)\approx\int_{k}^{n}\frac{1}{x}dx$$

（この2つの式の差は、「オイラー数」と呼ばれる値に収束することが知られています。気になる方は調べてみてください）。

つまり、「n」が充分大きいとき、上記の選び方で最も好みの人とお付き合いできる確率は、

$$P(k)\approx\frac{k}{n}\log\frac{n}{k}$$

で表わすことができます。

これで扱いやすくなりました。

＊

最後に気になるのは、やっぱり、「じゃあ何番目までを見極め期間にすればいいの?」ということです。

関数で確率が表わされているので、この関数を微分することで最大値が求められます。

※厳密に最大かどうかを調べるには「二階微分」をして、きちんとした増減表を書いてください。

導　出

$$P(k)\approx\frac{k}{n}\left(\log\frac{n}{k}\right)=\frac{k}{n}\left(\log n-\log k\right)$$

$$\frac{dP}{dk}=\frac{1}{n}\log\frac{n}{k}-\frac{1}{n}$$

$$\log\frac{n}{k}=1$$

これより、

$$k=\frac{n}{e}$$

また、このときの確率は、

$$P\left(\frac{n}{e}\right) = \frac{1}{e}$$

出ました!

なんとも美しい結果ですね。こういうのに「ネイピア数」が出てくるのも面白いところです。

「$\frac{1}{e} \cong 0.367$」なので、簡単にまとめると、

結　論

「いいね」の数の「36.7%」を「見極め区間」とすると、「36.7%」の確率で最も好みの人に出会える

ということが分かりました。

■ もっと確率を上げたい!

さてさて、確率が出ましたが、こう感じた人も多いのではないでしょうか。「成功率、低すぎィ!」と。

いくら確率が高くても、40%もないわけですからね。さらに、現実では振られる可能性もあったりして、世の中がより厳しくなっていくわけです。

もっと確率を上げるためにはどうすればいいでしょうか。

＊

ここで、確率を上げる施策を打ってみます。

・妥協案:「最も好みの人」と言わず、「80%好みの人ならばOK」としよう!
・保留案:見極め後、何人か会ってみたあと、判断したい!

そこまで変な戦略ではないでしょう。

むしろ、日常生活の中だとこのくらいのことは平気でしているはずです。

この検証は、数式ではなくシミュレーションを使っていきます。

10000回輪廻できるとして、同じ戦略で何回成功するかで成功確率を出します。

一回一回の人生は前後の影響を一切受けないので、10000回中3000回成功したなら確率30%の確率でその戦略が成功すると言っていいのです。

このようなシミュレーションのことを、「モンテカルロ・シミュレーション」といい、

・少し込み入ったルールを使って検証したい

・計算面倒臭い、とりあえずシミュレーションしよう

というときなどによく使われる方法です。

「モンテカルロ・シミュレーション」で、今までのシミュレーション「k人目まで見極めて、ソレ以降でいちばんいい人と付き合う」というのをやってみます。

・「いいね」をくれた人：100人
・輪廻転生回数：それぞれの戦略に対して10000回

「k」を「1〜99」まで動かしてみて、成功した回数を測るので、かなり生まれ変わる必要性があります。こういうことが簡単にできるのもシミュレーションの魅力です。

結果はこちら。

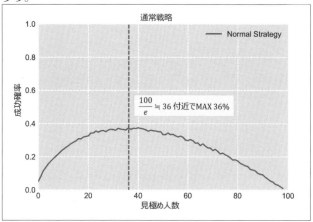

計算で出した値と、ほぼ一致することが分かります。
試行の数が多ければ多いほど、正確な値となっていきます。

＊

「モンテカルロ・シミュレーション」を用いると、先ほどの2パターンを簡単に組み込むことができます。

●妥協案

まずは、「妥協案」を組み込んでみましょう。

今までは、見極め期間以後、いちばんいい人と付き合って、「その人が全体の中で1番ではなかったら」成功としませんでしたが、「**全体の上位数％なら、**

成功」ということにします。

　人の好みが絶対的に1位になることも稀ですし、タイミングなんかで決まることも多いので、このような拡張は自然ではないでしょうか。

　妥協を全体の「10%」「20%」とパラメータを降ってみて、どの程度成功確率が上がるのかをシミュレーションした結果が、こちらです。

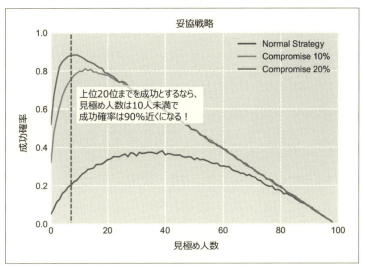

見てください！先ほどまでの戦略と比べて、少し妥協するだけで飛躍的に成功率が上昇することが分かると思います。

　たった10%で、成功率が80%に、20%妥協すると成功率が90%近くにまで跳ね上がっています。

＊

しかも注目すべきところは、もう1つあります。

　横軸は「見極めに要する人数」でしたよね。10%妥協するだけで、この人数も12〜3人となり、かなり低くなることが分かると思います。
　先ほどの戦略の1/3の労力で、80%の効能を得られるわけですね。

　「必ず1番の人と出会いたい！！」という方もいますが、これを見ると、「ちょっとは妥協してもいいんじゃないか？」と思えるのではないでしょうか。
　この妥協案は、なかなかいい作戦のようでした。

●ストック戦略

お次は「保留案」です。

見極め期間が終わったあとは、一気に何人かずつデートをして、あとで決めるというわけです。

多すぎると大変ですが、複数人比べてみたいと思うのも、人間の性ではないでしょうか。

まとめて比べることができるので、こちらも確率が上がるのではないかと期待ができるわけです。

*

こちらもシミュレータの改良はそこまで難しくありません。

・k人「見極め期間」を設ける
・見極め後、1人1人見ていたところを複数人単位で見るように設定する
・「複数人のなかで最も良い人」と「見極め期間の最も良い人」を比べる

というふうに改良して、シミュレーションを走らせてみましょう。

その結果がこちらです。

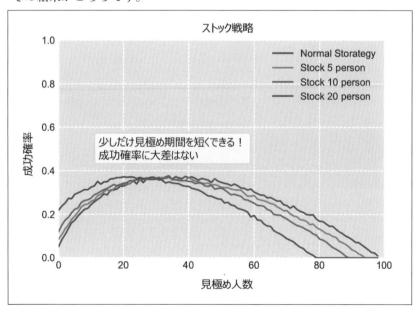

少しだけ見極め期間を短くできる!
成功確率に大差はない

あら、思ったよりも結果は良くないようですね。

　よく考えると一気に比べると、「見極め期間」よりいい人には出会えるかもしれないが、「1位の人」に出会えるとは限らないですね。

　「見極め期間」は少し短くしてもOKなようですが…このままでは効果は今ひとつのようです。

●組み合わせてみる

　両者の作戦は、効果の大小があれど、改善の方向に働くことが分かりました。

　この2つの作戦は組み合わせることができますね。なので、組み合わせてみましょう。

・通常の戦略
・10%妥協案
・10人保留案
・10人保留10%妥協案

の4種類でシミュレートすることにします。

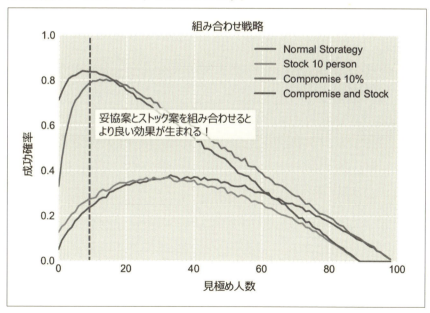

おお、先ほどよりもいい結果が出ましたね！

　どうやら「妥協案」を挟むと、「保留案」もより効果を発揮するようです。

　見極め期間は8人程度で良くて、それでも80%以上の確率でマッチング成立です。

　気持ちと戦略次第で、「恋愛成就率」も変わるということがシミュレーションにより明らかになったわけです。

＊

　このように、シミュレーションを用いると、ある程度柔軟に人の動きを設定できるのです。

　今回は書きませんが、たとえば、

・相手の人気度に応じて**フラれる確率を導入してみる**

・見極め期間の中から、**再挑戦できる権利を導入してみる**

などなど、工夫次第で可能です。

　「Pythonプログラム」を用いて、改良してみてはいかがでしょうか。

> https://github.com/hokekiyoo/math-around-us

結　論

> ・ランダムに出会っていくと、36.7%の確率で最もいい人に出会える
>
> ・10%の妥協をすると、成功確率は80%も上がる
>
> ・10人保留しつつ10%妥協案で望むと、少ない人数で更に成就率が上がる

第7章

ソシャゲの「インフレ具合」を数学的に見る!

- ・対数
- ・微積分
- ・行列
- ・統計学

「パズル＆ドラゴンズ」というアプリがあります。2012年にリリースされて以来、ソーシャルゲーム（ソシャゲ）界隈の一斉を風靡し続けているアプリですね。

かくいう私もヘビーユーザーでして、リリース後50日後くらいから6年以上経っている「古参勢」なわけです。

しかし、6年も続けていると飽きが来たりするのです。

一時期、1年ほどログインだけしてプレイはしない時期がありました。

1年ほど経って、久しぶりにダンジョンに入ってプレイをしたとき、まず思ったのが、

「敵が強くなりすぎている…」

ということ。

そう、このようなソシャゲでは古参ユーザーを退屈させないために、次々に強いボスキャラが新たに追加されていくのです。

まったく歯が立たない状態でした。

そのとき悔しかったのもあり、「どのくらいインフレしているんだろう」というのが気になってきました。

問　題

「パズル＆ドラゴンズ」のインフレについて調べ、1年後のインフレ具合を予測せよ。

■ データを可視化してみる

　2012年から6年も続く、ソシャゲで言えば歴史のあるゲームなので、ダンジョンの数も相当数になります。

　それらのデータを集めて、検証してみることにしました。

　検証項目は、「敵ボスのHP」です。

　データは下記の通り。

・2012.4.8実装の降臨から、2018.8.10実装の降臨まで
・予測は365日後のHP

　もちろん敵の強さはそれだけではありません。

　パズドラで言えば、さまざまな「ギミック」が実装されますし、またはパーティにある制限を設けることで、難易度を上げるといったもの(制限ダンジョン)も多くあります。

　「制限ダンジョン」に関しては、知っている限り省いていますが、そのような背景もあり、多少HPがバラつくことはあらかじめ想定されます。

＊

　それでは、集めたデータをプロットしてみましょう。

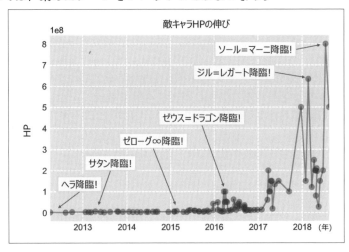

　おお、見事にインフレしているっぽいですね…!

今年（2018年現在）も、1年前に比べて数倍になっている気がします。

［余談］

公式で敵のHPを公開しているわけではありません。それでは、どのようにして敵のHPを知ることができるのでしょう？

パズドラの技の中に、「ギガグラビティ」という技があります。技の効果は

「相手のHPを30％削る」

どんな相手でも、割合でダメージを与えるという技です。

つまり、「ギガグラビティ」で削れたHPから、下式で敵のHPを求めることができます。

$$\left(\text{敵のHP}\right) = \left(\text{削った HP}\right) \div 0.3$$

［余談の余談］

割合ダメージを与える技は他にもありますが、最初に実装された技がこの「ギガグラビティ」なので、割合ダメージを与える技のカテゴリを「ギガグラ系」と呼んだりします。

パズドラでは、最初に実装された技の名前から「○○系」とカテゴリ化することがよくあります。「状態異常無効」（「アストロン」みたいなもの）の敵の初実装時の名前が「マイティガード」だったため、状態異常無効系は「マイティ系」。他にも「花火系」や「威嚇系」などなど。

知ってる限りほとんど、最初に実装されたときの名前からカテゴリが作られています。何事も最初が肝心ということですかね。

さて、話を戻しましょう。

このグラフから、1年後のHPを予測できるでしょうか。少し頑張ってみましょう。

●最小二乗法

最もシンプルな予測は、「最小二乗法」です。復習しておきましょう。

> ※実際に使う場合は、便利なライブラリが用意しているのでそれを使いましょう。けれど、一度どういう仕組みなのかを理解しておくのも、大事ですよ。

導　出

データ点 n個で、各データを $\left(x_i, y_i\right)$ とする。

これを、線形で下記の「回帰式」、

$$y = ax + b$$

とフィッティングしたい。

そのときの「 a, b 」を求めたい。

「本来の値」と、「回帰式が算出した値」の「差の二乗」は、

$$\varepsilon_i^2 = \left(y_i - \left(ax_i + b\right)\right)^2$$

全データにおいてこれを適用すると、「二乗和」は、

$$\epsilon = \sum_{k=1}^{n} \epsilon_k^2 = \sum_{k=1}^{n} \left(y_k - \left(ax_k + b\right)\right)^2$$

となる。

この「二乗和」を最小にする係数「a, b」を求める。

この式は「a, b」に対して、下に凸なので、

$$\frac{\partial \epsilon}{\partial a} = \frac{\partial \epsilon}{\partial b} = 0$$

を満たす「a, b」を求める。

$$\frac{\partial \epsilon}{\partial a} = 2\sum_{k=1}^{n} x_k \left(y_k - \left(ax_k + b\right)\right) = 0$$

$$\frac{\partial \epsilon}{\partial b} = 2\sum_{k=1}^{n} \left(y_k - \left(ax_k + b\right)\right) = 0$$

式を整理すると、

$$\left(\sum_{k=1}^{n} x_k^2\right) a + \left(\sum_{k=1}^{n} x_k\right) b = \sum_{k=1}^{n} x_k y_k$$

$$\left(\sum_{k=1}^{n} x_k\right) \mathrm{a} + \left(\sum_{k=1}^{n} 1\right) b = \sum_{k=1}^{n} y_k$$

$$\begin{bmatrix} \sum_{k=1}^{n} x_k^2 & \sum_{k=1}^{n} x_k \\ \sum_{k=1}^{n} x_k & \sum_{k=1}^{n} 1 \end{bmatrix} \begin{bmatrix} a \\ b \end{bmatrix} = \begin{bmatrix} \sum_{k=1}^{n} x_k y_k \\ \sum_{k=1}^{n} y_k \end{bmatrix}$$

「逆行列」をかけてこれを解くと、

$$
\begin{bmatrix} a \\ b \end{bmatrix} = \frac{1}{n\sum_{k=1}^{n} x_k^2 - \left(\sum_{k=1}^{n} x_k\right)^2} \begin{bmatrix} \sum_{k=1}^{n} 1 & -\sum_{k=1}^{n} x_k \\ -\sum_{k=1}^{n} x_k & \sum_{k=1}^{n} x_k^2 \end{bmatrix} \begin{bmatrix} \sum_{k=1}^{n} x_k y_k \\ \sum_{k=1}^{n} y_k \end{bmatrix}
$$

$$
\begin{cases} a = \dfrac{n\sum_{k=1}^{n} x_k y_k - \sum_{k=1}^{n} x_k \sum_{k=1}^{n} y_k}{n\sum_{k=1}^{n} x_k^2 - \left(\sum_{k=1}^{n} x_k\right)^2} \\[4mm] b = \dfrac{\sum_{k=1}^{n} x_k^2 \sum_{k=1}^{n} y_k - \sum_{k=1}^{n} x_k y_k \sum_{k=1}^{n} x_k}{n\sum_{k=1}^{n} x_k^2 - \left(\sum_{k=1}^{n} x_k\right)^2} \end{cases}
$$

　これで、点に対して「二乗誤差」の最も少ないように直線を引くことができます。

　点の数がいくら大きくても、2次元データなら同じ式が適用できます。
（3次元以上もできますが、説明変数が増えてややこしくなります）。

　どんなデータにも適用できるなんて、とても素敵ですね。
これがあれば怖いものなし！
ということで、先ほどの式にこちらを当てはめてみましょう。結果がこちら。

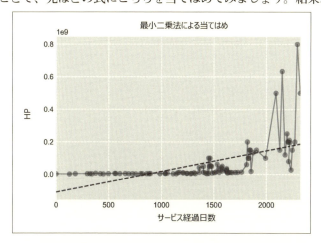

おや…思ったような近似がぜんぜんできていないように思えます。

見た目からして、このグラフは線形じゃないですし、確かにこのような悲惨な結果も納得ですね。

これではHPの予測どころではないですね。もっと精度良く求める必要があります。

● 「対数」にしてみる

どうやって近似すればいいか…ここでグラフをもう一度よく眺めてみましょう。

はじめの上がり具合が少なくて、後々「指数関数的」に増えていっていることが見て取れると思います。

指数関数…?

ということは、同じ量だけ増えるのではなく、同じ倍数だけ増えているのではないでしょうか。

＊

これを検証するのはそこまで難しくありません。

y軸のグラフスケールを「対数」(log)にしてみて、直線上に点が載るようならば指数関数の可能性が高いです。

$$y = e^{ax+b}$$
$$\log(y) = ax + b$$

y軸を「対数スケール」にしてみた結果が、こちらです。

おお、さっきよりだんぜんマシなグラフが現われました。
これだったら直線と言えなくもないですね。期待ができそうです！

●一年後のインフレを予測する

　それでは、近似式を求め、365日後の敵のHPがどのくらい伸びるのかを検証していきます。

　手順は、以下の通り。

① 「$\log(HP) = ax + b$」の「a, b」を「最小二乗法」で算出
② 残差を出し、95%信頼区間も同時に算出する
③ 「x」の最近の点から365日後どうなるかを計算式を使って算出
④ 信頼区間も同時に出るので、95%の信頼度でどの範囲に収まるかを検証

このようにして、「近似式」および「予測した値」を求めた結果がこちらです。

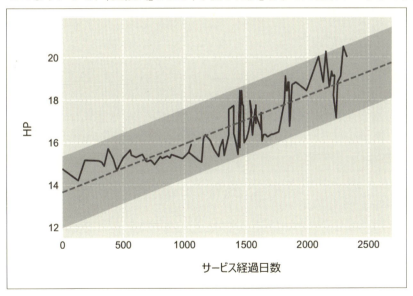

おお、なんだかそれっぽいと言えばそれっぽいですね。

※「信頼区間」に関しては、巻末付録を参照してください。

さて、近似式の結果、「パズドラの日数」と「HP」の関係式は次のように表せることが分かりました。

結　果

$$\log HP = 0.00226 days + 13.66$$
$$HP = e^{13.66} \times e^{0.00226 days} = 766814 e^{0.00226 days}$$

「e」は「ネイピア数」(2.7188….) で、日を重ねることに少しずつ、指数関数的にHPが増えていくことが分かりました。

ちなみにこの「$e^{0.00226 days}$」ですが、

・1日で0.2%増加
・1週間で1%~2%の増加
・1ヶ月で7%の増加
・1年間で128%の増加

となるようです。

　掛け算はチリが積もると恐ろしい値になっていくことが分かると思います。

　そして、これを適用したところ、次のような結果になりました。

結　論

「パズル＆ドラゴンズ」の一年後のHPは、次のようになる
・予測値：375,609,460
・95%信頼区間の値：72,706,848～1,940,428,856

　最大は19億まで達する見込みです。
　インフレはさらに加速していきそうですね。

　もう一度始めるなら、1年後の環境でも大丈夫なように、20億HPの相手を倒せるパーティを考え直さないと…!

備考 人の感情と「対数関数」

　ここまで振り返ると、インフレは「対数スケール」にすると当てはまりが良いことが分かりました。

　しかし、どうして「logスケール」だと当てはまりがいいのでしょうか。理由が分かれば、その戦略を自信をもって取ることができます。

＊

　精神物理学の分野では、「ウェーバーフェヒナーの法則」というのが基本法則としてよく知られています。

「人の刺激に対する感覚の変化具合は、そのときの刺激の大きさによる」

というものです。

　この法則によれば、

　人が感じる感じ方の「定量値」（感覚量）を「E」、「刺激」を「R」、「定数」を「C」とすると、その関係式として、

$$\frac{dR}{dE} = CR$$

・**左辺**：刺激の変化具合
・**右辺**：そのときの刺激の大きさに比例する

が成り立つというのです。

　これを積分すると、

$$CE = \log R$$

となります。

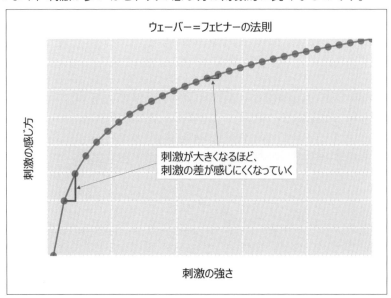

つまり、刺激が多いほど、人の感じ方は対数的に鈍くなるのです。

ウェーバー＝フェヒナーの法則

刺激の感じ方

刺激が大きくなるほど、
刺激の差が感じにくくなっていく

刺激の強さ

たとえると、

・100円しかもっていない人が200円をGETする感覚と、100万円もっている人が200万円をGETする感覚は等しい
・1回目のデートと10回目のデートが同じだと飽きられる

ということを示唆しています。たしかに、そんな気もしますね！

　人の感覚に関わるさまざまな単位系で「logスケール」は用いられていて、音の大きさを表わす「デシベル」(db)、地震の大きさを表わす「マグニチュード」(M)なども、「logスケール」です。

　実際の刺激量に「log」を取ることで、人間の感覚と一致するからなのですね。

　さて、
・HPを100万から1000万にしたから、次は同じだけ足して、1900万だ
・HPを100万から1000万にしたから、次は同じだけ掛けて、1億だ
だと、どちらがしっくりくるでしょうか。

　「ウェーバー・フェヒナーの法則」によれば、人間は不思議と、二番目のほうがしっくり来るんですね。
　それは運営側もプレイヤー側も同じです。だから、指数関数的なインフレが起こっていくのではないでしょうか。

　人間の実際の感覚は「対数的」だというのは、いろいろなところで実感したりするので、そのときはこの法則を思い出してみてください！

第8章

もう円周率で悩まない! πの求め方10選

私がまだ学生だったころ、どこかのお偉いさんが

「3.14って中途半端じゃね？3にしようぜ」

とかいって一時期「円周率」が「3」になりかけました。「ゆとり教育」というやつですね。

でもそれは「円」じゃなくて「六角形」だからだめです。全然ダメ。

それを受けて「あほか、円周率をちゃんと教えろ」と主張するために出題されたと言われているのが東大のこの問題、

【問題】円周率が3.05より大きいことを証明せよ [2003 東京大 前期]

とてもシンプルですね。

けれど、実際困った受験生も多いようです。πという値の本質を問う、名作と言われています。

普段から円周率というのは身近なものです。この本でもいろいろなところで関係しています。今回は、いつ円周率を求めたくなっても大丈夫なように、さまざまなπの求め方をお教えします！

これで、いつでも、どんなときでも円周率を求められるようになるはずです。

■ 東大入試への2つのアプローチ

①多角形近似

おそらくいちばん多かったであろう解答が、この「多角形近似」です。

同じ半径であれば、正多角形は円に内接します。
「正方形」も「正六角形」も「正八角形」も。
なので、それを利用してやりましょう。

「正六角形」は「周」と「直径」の比が「3」であることは簡単に分かるので、

・「正六角形」よりも「多角形」

・sin や cos の値が出せそう

な「正八角形」(または「正十二角形」)を選びます。

*

解法はこんな感じです。

証 明

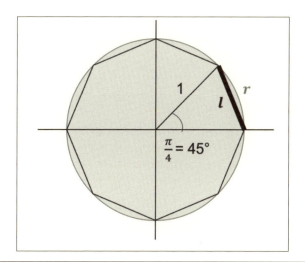

$$l^2 = 1^2 + 1^2 - 2\cos\left(\frac{\pi}{4}\right)$$
$$l = \sqrt{2 - \sqrt{2}}$$

図中「r」は円周 2π の 1/8 なので

$$r = \frac{2\pi}{8}$$

「$l < r$」より

$$\pi > 4\sqrt{2 - \sqrt{2}}$$

右辺のルートをちゃんと評価すれば、「3.05」は超える(正12角形でも可能)。

②「tan」の「逆関数」を使う

　この問題に関しては、こんな解法もできます。高3のときに習いますね！

・「置換積分」を使うと、答えに「π」が現われる

・かつ、上に凸な関数

・かつ、値を代入したときに計算がしやすい

と言えば、そう、「$f(x) = \dfrac{1}{1+x^2}$」ですね！！
　　　　　　　　　　　　　　　*

　解法はこんな感じ。

　$f(x)$ で囲まれた面積と、台形で近似した面積の大小を比較することで求める。下図において、$f(x)$ の面積は、

$$\int_0^{\frac{1}{\sqrt{3}}} \frac{1}{1+x^2}\, dx$$

　「$x = \tan\theta$」と置き換えて、置換積分とする

$$\int_0^{\frac{\pi}{6}} d\theta = \frac{\pi}{6}$$

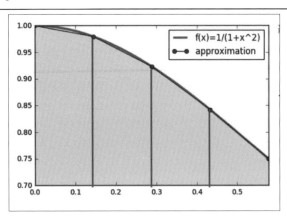

　図のように、「$f(x)$」に内接するように台形を描いていくと、

台形の面積の和 < $f(x)$ の面積

なので、「π」に対する不等式が得られる。

■ 「無限級数」を使う

●「フーリエ級数」を用いる

世の中には、こんな不思議な式があります

$$\sum_{n=1}^{\infty}\frac{1}{n^2} = \frac{1}{1^2} + \frac{1}{2^2} + \ldots = \frac{\pi^2}{6}$$

これを理解するためには、「Fourier級数」を知る必要があります。
「打ち切りの項数」と「π」の関係は下記の通り。

```
N:1              Value:2.4494897
N:10             Value:3.0493616
N:100            Value:3.1320765
N:1000           Value:3.1406381
N:10000          Value:3.1414972
N:100000         Value:3.1415831
```

「フーリエ級数」が分かれば、他にもこんな式を作れます。

$$\sum_{n=0}^{\infty}\frac{(-1)^n}{2n+1} = 1 - \frac{1}{3} + \frac{1}{5} - \frac{1}{7} + \ldots = \frac{\pi}{4}$$

●「ラマヌジャン式」を使う

インドの天才数学者、ラマヌジャンは、どうやって思いついたのだろうという公式を作っています。

$$\frac{4}{\pi} = \sum_{n=0}^{\infty}\frac{(-1)^n (4n)! (1123 + 214600n)}{882^{2n+1}\left(4^n n!\right)^4}$$

とても美しい式ですね…。収束がめちゃくちゃ速いことで知られています。
「$n = 0,1$」での代入結果がこちら。

```
n:0    Value:3.14158504007123751123
n:1    Value:3.14159265359762196468
```

本当に、めちゃめちゃ速いですね。

■ コンピュータを使う

●モンテカルロ・サンプリング

あなたの眼の前にそこそこいいパソコンがあるなら、「モンテカルロ・サンプリング」で「π」を求めましょう!

点を数多く打てば、

$$\frac{\text{半径1の円の面積}}{\text{一辺が2の正方形の面積}} = \frac{\text{円に入った点の数} N_{in}}{\text{すべての点の数} N}$$

この値は円の面積が「π」で正方形の面積が「4」なので、「$\frac{\pi}{4}$」に近づきます。

【手順】

[1] (x, y) を，両方とも「-1」から「1」の範囲でランダムに選択

[2] 「$x^2 + y^2$」を計算

[3] 「$x^2 + y^2 \leq 1$」なら「+1」、「$x^2 + y^2 > 1$」なら何もしない

[4] N回繰り返して点をばらまく

[5] 「$x^2 + y^2 \leq 1$」だった点の数を「N」で割る

最終的にこの結果を4倍すれば「π」が求められます。

いいところは、回数をこなせばこなすほど精度が上がるところと、事前に初期値設定が必要ないところ。

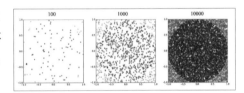

悪いところは、「計算負荷」が高いところ。収束も悪く、時間がかなりかかります。

N:10	Value: 3.200000 Time: 0.00007
N:100	Value: 3.200000 Time: 0.00013
N:1000	Value: 3.064000 Time: 0.00129
N:10000	Value: 3.128000 Time: 0.01023
N:100000	Value: 3.147480 Time: 0.09697
N:1000000	Value: 3.143044 Time: 0.93795
N:10000000	Value: 3.141228 Time: 8.62200
N:100000000	Value: 3.141667 Time: 94.17872

●「ガウス=ルジャンドルのアルゴリズム」を使う

「もっと精度よく効率的に求めたい！！」というアナタ！「ガウス=ルジャンドルのアルゴリズム」を使いましょう

[ガウス=ルジャンドルのアルゴリズム]

> ガウス=ルジャンドルのアルゴリズムは、非常に収束の早い反復計算アルゴリズムとして知られています。2009年にこのアルゴリズムを用いて、約2兆6000億桁の計算がなされました。

すごいけど、計算は超簡単というすぐれものです。

・初期値

$$a_0 = 1, \quad b_0 = \frac{1}{\sqrt{2}}, \quad t_0 = \frac{1}{4}, \quad p_0 = 1$$

・更新式

$$a_{n+1} = \frac{a_n + b_n}{2} \qquad b_n = \sqrt{a_n b_n}$$

$$t_{n+1} = t_n - p_n\left(a_n - a_{n+1}\right)^2 \qquad p_{n+1} = 2p_n$$

・π の算出

$$\pi \approx \frac{\left(a+b\right)^2}{4t}$$

実際に動かしてみた結果が、こちら。

N：0	Value：2.9142135624
N：1	Value：3.140579250522169
N：2	Value：3.141592646213543
N：3	Value：3.141592653589794
N：4	Value：3.141592653589794
N：5	Value：3.141592653589794

　2回の更新で「モンテカルロ・サンプリング」を超えていることが分かります。しかも、更新も一瞬！かなり優秀なアルゴリズムのようです。

■ 実験的に求める

●ビュフォンの針
　もしあなたが、「針」や「つまようじ」を大量にもっているなら、こんな実験をしてみましょう。

【手順】
[1] 針の長さを測る(h)
[2] その半分の長さの間隔で平行線を引く $\left(\dfrac{h}{2} \right)$
[3] 引いた平行線の上に針をぶちまける
[4] [平行線に交わる針の数を数える

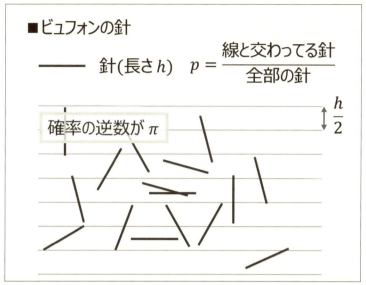

これは「ビュフォンの針問題」と言って、針の数をめちゃくちゃ増やすと、平行線に針が交わる確率は「$p = \dfrac{1}{\pi}$」となります。なぜこうなるかはここでは割愛しますが、興味がある方は調べてみてください。

こうするだけで、なんと「π」が求まります。

●単振動

「円周率」が求めたいときに、「バネ」を見付けたとします。

それはラッキーですね。さっそく「バネの振動する周期」を求めましょう！

*

図のように、周期に「π」が含まれているので、「バネの振動する時間」を求めるだけで、簡単に「π」が求まります。

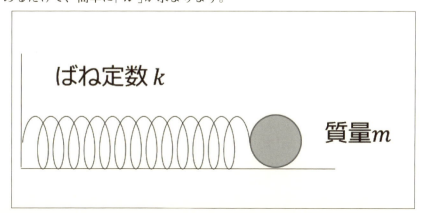

$$T = 2\pi\sqrt{\frac{m}{k}}$$

$$\pi = \frac{T}{2}\sqrt{\frac{k}{m}}$$

　　注意点は、

・「摩擦」があると厳密に周期が求められない

・「空気抵抗」があると厳密に周期が求められない

ということです。

　　なので、もし本当に求めたいなら、摩擦のない真空中で計測しましょう。

●振り子

　　「円周率」が求めたくなって、「バネ」がない！そんなときでも そこに「紐」と「ボール」さえがあれば、振り子を用いて円周率を求めることができます！

　　振り子の糸の長さをl、重力加速度をgとすると、
　　振り子の周期Tは

$$T \approx 2\pi\sqrt{\frac{l}{g}}$$

となるので、周期Tを測ってやれば、円周率は

$$\pi \approx \frac{T}{2}\sqrt{\frac{g}{l}}$$

と求めることができます。

　　「振り子」のいいところは、「バネ定数」などをあらかじめ測るべき定数がないというところ。

　　「バネ」は種類によって周期が変わってしまいますが、「重力定数」はほぼ普遍なので、どんなところでも使えます。

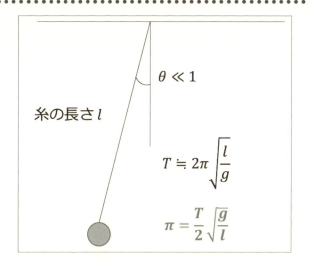

注意しないといけないのは、これは「振り子の振れ幅が小さい」という近似で成り立っているということ。

振り子の振れ幅を大きくしてしまうと、「$\sin\theta \approx \theta$」が成り立たなくなり、楕円関数を使わないといけないので、注意しましょう！

●The Pi Machine

数年前、こんな論文が話題になりました。

「重さの違うボールをぶつけていくと、そのぶつかった回数が円周率になる」という論文です。

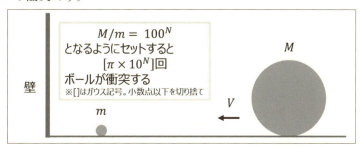

[論文出典]

G. Galperin, *Playing pool with π (the number π from a billiard point of view) Regular and Chaotic Dynamics*, 8 No. 4 , (2003), 375-394.

$M / m = 1$	3回
$M / m = 100$	31回
$M / m = 10000$	314回

　衝突するというわけです。面白いですね！
(導出の過程は、元論文を参照ください)

　注意点は、

・「完全弾性衝突」のボールを用意する
・精度良く「質量比」が求められている
・「空気抵抗」がない環境を用意する

ことが必要です。

　これらの道具・環境が揃えられる人はぜひやってみましょう。
　道具、環境を揃えるのが厳しい人は、シミュレーションでやってみましょう！

＊

　いかがでしたか。単純に「円周率」という以上に、さまざまな分野と深い関わりを見せていることが分かります。
　たまにはこういうことに思いを馳せてみるのも楽しいですね。

第9章

もう試験で困らない！ 「$\sqrt{2}$」の求め方10選

　私の大学の統計学のテストでは、「関数電卓」を持ち込むことが可能でした。「$\sqrt{}$」や「log」の計算が必須だからです。

　しかし、ある友人は関数電卓をテスト当日に忘れたのです。

「お前www $\sqrt{2}$ とか $\log 2$ とかどうやって計算するの???」
と煽ったら、彼は、
「そんなん、$\sqrt{x}$ とか $\log x$ をテーラー展開すればええやんか！！」
と言い放ちました。天才。彼のひらめきに脱帽しました

＊

　しかし、「$\sqrt{2}$」のために「テーラー展開」をするのも、なんだか大層なものですね。

　そこでここでは、「$\sqrt{2}$」の求め方を10個紹介します！！

　TPOに適した「$\sqrt{2}$」の求め方を学びましょう。

■ 紙を使う

①折り紙

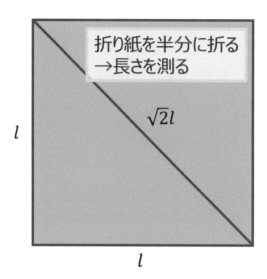

最も身近な「$\sqrt{2}$」です！「三平方の定理」を使いましょう。

冒頭の画像の通り、正方形の折り紙を対角線上におると、斜めの長さが「$\sqrt{2}$」になりますね。

「ものさし」で「斜めの長さ」と、「折り紙の一辺の長さ」を求めて、「比」を出しましょう。

$$\frac{(斜め)}{(一辺)} = \frac{\sqrt{2}\,l}{l} = \sqrt{2}$$

②プリンタ用紙

　テスト用紙で配られるのは、だいたいA3用紙ですね。

　そうすれば話は早いです。「縦」と「横」の長さを測り、「比」を取ると、「$\sqrt{2}$」となります。

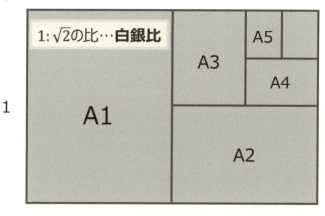

$1:\sqrt{2}$の比…**白銀比**

A1

A3

A5

A4

A2

1

1.414…

　縦横比が「$1:\sqrt{2}$」となる比は「**白銀比**」と呼ばれています。普段当たり前のように使っている紙にも $\sqrt{2}$ が出てくるなんて、驚きですね！

■ 方程式の解として

　二次方程式「$x^2 - 2 = 0$」の解は「$\sqrt{2}$」なので、この解を数値計算で精度良く求められたらOKです！

③二分法

　方程式(x)の数値解を求める最も単純なアルゴリズムです。

【手順】
[1]「$f(x_1)f(x_2) < 0$」($f(x_1), f(x_2)$ のどちらか一方が正、どちらか一方が負) となるように、「x_1, x_2」を適当に与える
[2]「$x_n = \dfrac{x_1 + x_2}{2}$」を求める
[3]「$f(x_1)f(x_n) > 0$」なら「$x_1 = x_n$」、「$f(x_2)f(x_n) > 0$」なら「$x_2 = x_n$」とする
[4] [2], [3] を繰り返す

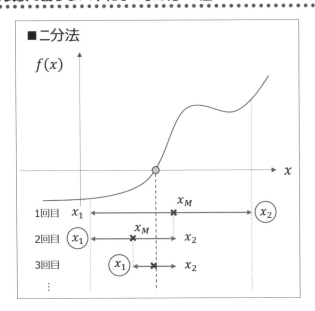

　実際に数値計算した結果はこんな感じ。段々と値が近づいているのが分かります。

```
iteration:10 sqrt2:1.4150390625
iteration:20 sqrt2:1.4142141342163086
iteration:100 sqrt2:1.414213562373095
```

④ニュートン法

　本書4章の「ボールを100m飛ばすには？」にも出てきた「ニュートン法」。

　もちろん「ニュートン法」を用いても方程式の解を求めることができます（「ニュートン法」の詳細に関しては**巻末付録参照**）。

```
iteration:1 sqrt2:1.5795487524060154
iteration:5 sqrt2:1.4142135623730951
iteration:10 sqrt2:1.4142135623730951
```

　「二分法」よりも解の収束が早いことが多く、有用な数値計算法です。

■ 反復的に求める

⑤開平法

「 $\sqrt{}$ 」を外す方法と言えばまずこれ、というくらい有名な方法です。
中学校の数学の授業で習ったことがある人も多いのではないでしょうか。

手順的はこちら。ややこしいので、図にしています。

[手順]

[1]

> (0)「$\sqrt{2}$」と右側に書き、小数点を基準に2桁ずつ区切っていく。
> (ⅰ)二乗して2以下となるような最大の整数を求める(この場合は「1」)その
>   数を右側に1箇所、左側に2箇所(上下)に書く。
> (ⅱ)左の2数の足し算(この場合は「1+1」)を下に書く。
> (ⅲ)左の2数の掛け算(この場合、「1×1」)を「2」の下に書く。
> (ⅳ)右側の2数の引き算をする 。

[2]

> (0) [1]の(ⅳ)の引き算結果に対して、2桁ずつ値を下にもってくる(今回
> は「00」)。
> (ⅰ)「$n×10+n$」が、[2]の(0)を超えない最大の「n」を求める(この場合は「4」)。
>   また、左下に同じ「n」を書く。
> (ⅱ)左の2数の足し算(この場合、「24+4」)を下に書く。
> (ⅲ)左の2数の掛け算(この場合、「24×4」)を、下に書く。
> (ⅳ)右側の2数の引き算をする。

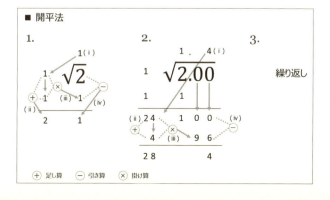

107

アルゴリズムにより反復的に求めることができ、欲しい精度まで計算ができます。

⑥「相加相乗平均」の大小関係を利用

　高校数学で習いますよね。下表で表わされる「相加相乗平均」の大小関係をうまく利用すれば、「$\sqrt{2}$」の近似値を精度良く求めることができます。

$$\frac{a+b}{2} \geq \sqrt{ab} \quad (a>0, b>0, \ 等号は \ a=b \ で成立)$$

【手順】

[1]「点 a」（正の数 a）を適当に選ぶ

[2]「積 ab」が「2」になるように「b」を選ぶ

[3]「a」に「$\frac{a+b}{2}$」を代入

[4] 繰り返し

　こうすることで、はじめ適当に選んだ「a」と「b」の値が近づいていき、「$\frac{a+b}{2}$」も「$\sqrt{2}$」に近づいていきます。

　実はこれ、「ニュートン法」と同じ結果になります。

　これは、反復のときに返す式がまったく同じだからです。　ただし、こっちの方法は、「$\sqrt{}$」の計算のみに有効となっています。

⑦連分数

　「連分数」と「$\sqrt{2}$」の間には、こんな関係式が成り立ちます。

$$\sqrt{2} = [1; 2, 2, 2, 2, 2, 2, \ldots] = 1 + \cfrac{1}{2 + \cfrac{1}{2 + \cfrac{1}{2 + \cfrac{1}{2 + \cfrac{1}{2 + \cfrac{1}{2 + \cfrac{1}{\cdots}}}}}}}$$

　こちらも繰り返し処理に落とし込めるので、繰り返すほどに精度が良い結果を得ることができます。

■ 物理を使う

身近なものを用いて、「$\sqrt{2}$」を求めてみましょう。

⑧ボールを落とす

「ボール」と「スピードガン」をもっているのなら、「$\sqrt{2}$」を求めることができます。「エネルギー保存則」を使いましょう。

高さ「h」から落とした物体が地面につくときの速さは、重力加速度を「g」として、下式で表わすことが出来ます。

$$v = \sqrt{2gh}$$

つまり、2倍の高さから物体を落とすと、速さは $\sqrt{2}$ 倍になることが分かります。

なので、高さ「h」から落としたボール、高さ「$2h$」から落としたボールの地面での速さの比をとることで、「$\sqrt{2}$ の近似値」を求めることができます。

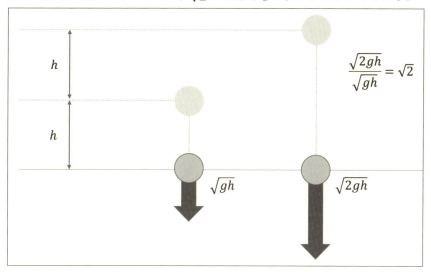

$$\frac{\sqrt{2gh}}{\sqrt{gh}} = \sqrt{2}$$

⑨振り子

　「ひも」と「おもり」と「ストップウォッチ」をもっているなら、物理的に「$\sqrt{2}$」を求められます。

　「振り子の周期」を用いましょう。「振り子」の振幅が小さければ、ひもの長さを「l」、重力加速度を「g」として周期は以下の式になります。

$$T = 2\pi \sqrt{\frac{l}{g}}$$

　つまり、長さを変えて周期を求めることで、近似値を求めることができます。

　ただし、振幅が大きすぎると、上記の周期の式にズレが生じます。なので、なるべく小さな振幅で測りましょう!

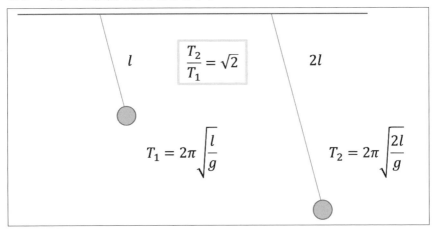

⑩テーラー展開

　最後に、本章の冒頭にあった「テーラー展開」について。

　「テーラー展開」というのは、ざっくりいうと**難しい式を数学的に簡単な式で近似**するヤツです。

　とりあえず、「$y = \sqrt{x}$」を「$x = 1$」で「テーラー展開」を実施すると、

$$\sqrt{x} = 1 + \frac{(x-1)}{2} - \frac{(x-1)^2}{8} + \frac{(x-1)^3}{16} - \frac{5(x-1)^4}{128} + \frac{7(x-1)^5}{256} - \cdots$$

となります。

これに「$x = 2$」を代入すると、

$$\sqrt{2} = 1 + \frac{1}{2} - \frac{1}{8} + \frac{1}{16} - \frac{5}{128} + \frac{7}{256} - \cdots$$

となります。

これなら計算できそうです！

*

本章では、さまざまな $\sqrt{2}$ の求め方を紹介しました。

これでどんなときに「$\sqrt{2}$」が出ても困らないですね。

みなさんも求め方を覚えて、ぜひ実践してみてください！

巻末補足

■ Newton法

　方程式の解を数値計算により近似的に求める手法の一つです。

　解を求めようとする範囲で微分可能かつ単調増加・下に凸である場合に適用可能な数値計算法です。

*

　解きたい方程式を「$f(x)=0$」とします。

　「Newton法」では、次のようにしてこの方程式を解きます。

【手順】

---

[1] 適当な値「x_1」を決める。

[2] 「$(x_1, f(x_1))$」を通る「$f(x)$」における接線を求める。

[3] 上記接線の「x切片」を求め、「x_2」とする。

[4] 以後、「1., 2.」を繰り返す。

　図にするとイメージがつかみやすいと思います。

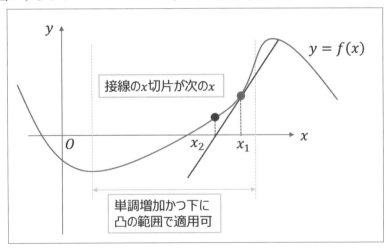

具体的な実装に落とし込むために、上記手順を数式で表わしていきましょう。

点 $(x_1, f(x_1))$ で接する「 $f(x)$ 」についての接線は、下式で表わされます。

$$y = f'(x_1)(x - x_1) + f(x_1)$$

この「 x 切片」は、「 $y = 0$ 」を代入して、

$$x_2 = x_1 - \frac{f(x_1)}{f'(x_2)}$$

とし、点 $(x_2, f(x_2))$ で接する接線の式を求め、 x 切片を求めます。

以下同様の操作を繰り返します。

比較的単純な式にまとまったと思います。

*

試しに、下記の方程式を解いてみましょう。

$$f(x) = \log x - 1 = 0$$

解は「 e 」、つまり「ネイピア数」ですが、「ネイピア数」の値を覚えていないという人もいるかと思います。

この方程式の解を数値計算で求めると、「ネイピア数」が自動的に算出されます。忘れたときにとても便利ですね！

更新式は、

$$x_{n+1} = x_n - x_n(\log x_n - 1)$$
$$x_{n+1} = x_n(2 - \log x_n)$$

「$x_1 = 0.5$」として、計算をすると、下記のような結果が得られました。
「ネイピア数」にどんどん近づいているのが分かると思います。

init:	0.5
0 :	1.3465735902799727
1 :	2.2924563198280232
2 :	2.683036152454643
3 :	2.718052333884715
4 :	2.7182818187710795

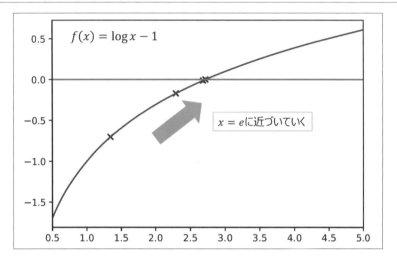

汎用性が高い手法なので、さまざまな場面で使えます。

数値計算をしなければならないときがくるかもしれないので、覚えておきましょう。

■ ルンゲ=クッタ法(Runge-Kutta法)

本書には、「微分方程式」がいくつか出てきました。

「微分方程式」は、「偏微分方程式」と「常微分方程式」に大別されますが、本書のものは常微分方程式に分類されます。

「偏微分方程式」の解法は、「常微分方程式」と異なるので、ここでは割愛します。

研究などをしていると、「微分方程式」は立式できたとしても、解析的にはどうやっても解けないことに出くわすこともあるでしょう。

解析的に解けないのであれば、数値的に解くしかありません。

次の「常微分方程式」、

$$y' = f(t, y), \quad y(t_0) = y_0$$

を数値的に解く方法を紹介します。

＊

最もシンプルな常微分方程式の数値解法は、「オイラー法」(Euler method)と呼ばれる手法です。

オイラー法

時間の刻み幅を「h」とする。終了時刻「T_F」まで、下式で定義される。

$$y_{n+1} = y_n + hf(t_n, y_n)(t_n \leq T_F)$$

シンプルですね！しかし、これはあまり精度がよくありません。

「$y(t)$」に対し、充分小さな「h」だけ時刻を進めた場合、「$y(t+h)$」は下記のように「テーラー展開」できます。

$$y(t+h) = y(t) + y'(t)h + \frac{1}{2}y''(t) + O(h^3)$$
$$y(t+h) = y(t) + f(t, y)h + O(h^2)$$

「テーラー展開」の「2次近似」以降をすべて無視すると、「オイラー法」の近似式が得られます。

2次以降の精度を犠牲にしたので、この方法の近似精度は**1次**と言います。「$\sin x$」や「e^x」の「テーラー展開」をしたことある人なら分かると思いますが、2次以降の切り捨てというのは、かなり雑な近似なわけです。そのため、初学者の演習には使われますが、実用的にあまり使われていません。

＊

「Runge-Kutta 法」は、「微分方程式」の数値解法の中でも、最もポピュラーな方法です。その中でもよく使われるのが「4次の Runge-Kutta 法」です。

　近似精度が「4次」です。先ほどの「オイラー」よりも明らかに精度が良いということですね。

　「精度」と「計算コスト」などのバランスが優れているため、科学計算ではよく使われるのです。

Runge-Kutta法

　時間の刻み幅を「h」とする。「4次のRunge-Kutta」は、下式で定義される。「$t = t_n, y = y_n$」において、「$t_{n+1} = t_n + h$」の更新式は、

$$k_1 = hf\left(t_n, y_n\right)$$

$$k_2 = hf\left(t_n + \frac{h}{2}, y_n + \frac{k_1}{2}\right)$$

$$k_3 = hf\left(t_n + \frac{h}{2}, y_n + \frac{k_2}{2}\right)$$

$$k_4 = hf\left(t_n + h, y_n + k_3\right)$$

$$y_{n+1} = y_n + \frac{k_1}{6} + \frac{k_2}{3} + \frac{k_3}{3} + \frac{k_4}{6}$$

　少し複雑ですが、1つ1つの計算はそこまで難しくないことが分かると思います。

*

　せっかくですので、1つ例として使ってみましょう。

大学生になってこの手の話題になるとほぼ必ず解かされると言ってもいい、「ローレンツ方程式」(Lorenz equation)でいきましょう。

ローレンツ方程式

$$\frac{dx}{dt} = -10x + 10y$$

$$\frac{dy}{dt} = 28x - y - xz$$

$$\frac{dz}{dt} = -\frac{8}{3}z + xy$$

元は「熱対流を」表わす方程式として考案されたものです。

シンプルですが、「非線形」かつ「多変数」ということで、計算結果はかなり面白い形をすることで知られます。

面白い性質を含んでいるため、長年題材として取り上げられることが多いわけです。

＊

ある時刻「t」で初期値(x_0, y_0, z_0)から出発するとき、時刻「t」が進むに連れ(x, y, z)が同変化するかを数値的に求めます。

「Runge-Kutta」で求めた結果を、「x-z平面」で切り出したものがこちら。

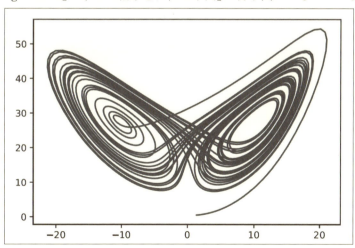

「蝶々」のような形をしていますね。

実は、初期値(x_0, y_0, z_0)によって数秒後の挙動がまるで変わるという初期値鋭敏性をもっており、カオスの代名詞としてよく題材に挙げられます。

「ブラジルで蝶が羽ばたくとテキサスの天気が変わる」ということを聞いたことがないでしょうか。

これは事実として起こった現象というわけではなく「非線形性をもつものは、些細な出来事でもまったく想像できない事象を引き起こす」ことのたとえ話として使われています。

*

少し話はそれましたが、「Runge-Kutta法」を用いれば、さまざまな「常微分方程式」の数値解を求めることができます。

気になる微分方程式を見付けた、または作った方はとりあえずぶっこんでみて解の挙動を見てはいかがでしょうか。

■ 「信頼区間」と「予測区間」

●「信頼区間」とは

テレビの視聴率がどうやって調べられているかを考えてみましょう。

とはいえ、テレビをもっている人たち全員（これを、「**母集合**」といいます）がテレビを観ていたかどうかを調べるのは事実上不可能です。

このような場合、いくつかの世帯をピックアップ（「**サンプリング**」といいます。サンプリングされたものを、「**標本集合**」といいます）して、その中でテレビ番組を観た人の割合を、視聴率としているわけです。

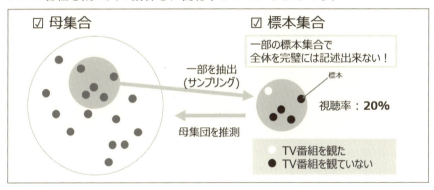

この「標本集合」から得た視聴率は、求めたい「母集合」における視聴率にどのくらい近い値なのでしょうか。

標本を増やしていくと精度が増していくようにも思えます。しかし運が悪いと、番組を見た人ばかりをサンプリングするなどして、「標本集合の視聴率」が「母集合の視聴率」と大きくズレてしまうということもあり得ます。

そこで、ランダムに選ばれた標本集合における視聴率をふまえ、「確率95%で母集合における視聴率はaからbの間である」と推定します。このことを「信頼区間」といいます。

*

たとえば、大量にある野球ボール、その重さの「平均」と「バラつき」を求めたいとします。

大量のボールの中からn個のボールを取り出して、重さを測ってみましょう。土がついていたり、削れていたりとさまざまなわけで、少々ばらついてしまうわけです。

しかし、測れば「重さ」は出てきます。そのときの重さの「平均」を「$\bar{x}$」、「分散」を「s^2」とします。

　このとき、「確率$1-\alpha$」で「母集合」の「平均μ」は次の区間(信頼区間)に含まれます。

$$\bar{x}-t\left(n-1,\alpha\right)\frac{s}{\sqrt{n}}\leq\mu\leq\bar{x}+t\left(n-1,\alpha\right)\frac{s}{\sqrt{n}}$$

　この「$t\left(n-1,\alpha\right)$」は、「t分布」と呼ばれる、正規分布に似た分布の「$100(1-\alpha)\%$点」です。
　たとえば、「t分布」の「95%点」は下図のようになります。

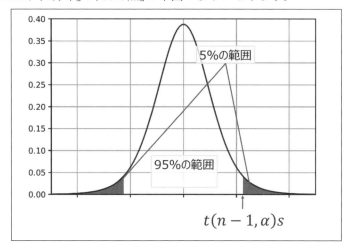

　違いは、データの「自由度」によって形が少しずつ変わるというところです。「自由度」は、ここでは「抽出したデータの数」だと思ってください。

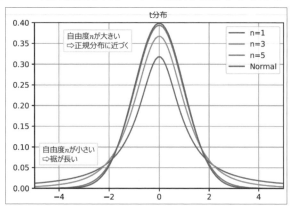

「t分布」の「$100(1-\alpha)\%$ 点」は解析的には求めることはできないので、通常「t分布表」と呼ばれる表を使います。

		確率P							
		0.5	0.25	0.1	0.05	0.025	0.02	0.01	0.005
自由度	1	1.000	2.414	6.3145	12.706	25.452	31.821	63.656	127.321
	2	0.816	1.604	2.92	4.303	6.205	6.965	9.925	14.089
	3	0.765	1.423	2.353	3.182	4.177	4.541	5.841	7.453
	4	0.741	1.344	2.132	2.776	3.495	3.747	4.604	5.598
	5	0.727	1.301	2.015	2.571	3.163	3.365	4.031	4.773
	6	0.718	1.273	1.943	2.447	2.969	3.143	3.707	4.317
	7	0.711	1.254	1.895	2.365	2.841	2.998	3.499	4.029
	8	0.706	1.240	1.865	2.306	2.752	2.896	3.355	3.833
	9	0.703	1.230	1.833	2.262	2.685	2.821	3.250	3.690
	20	0.687	1.185	1.725	2.086	2.423	2.528	2.845	3.153
	60	0.689	1.162	1.671	2.000	2.299	2.390	2.660	2.915
	120	0.677	1.156	1.658	1.980	2.270	2.358	2.617	2.860
		0.674	1.150	1.645	1.960	2.241	2.326	2,576	2.807

一個例を解いてみましょう。

問 題

10個の野球ボールの重さを測ると、次のような重さだったとする。

120g 110g 115g 119g 120g 112g 118g 116g 120g 120g

野球ボールの重さについて、95%信頼区間を求めよ。

解 答

野球ボールの重さ「平均 $\overline{x}$ 」は、

$$\frac{120+110+115+119+120+112+118+116+120+120}{10}=117$$

「不偏分散」は、

$$\frac{1}{10-1}\sum_{i=1}^{10}\left(x_i-\overline{x}\right)^2 = \frac{3^2+7^2+2^2+2^2+3^2+5^2+1^2+1^2+3^2+3^2}{9}=13.33\cdots$$

「不偏標準偏差 s 」は

$$\sqrt{13.33}\cong 3.65$$

　この分布は、「自由度9」の「t分布」に従うので、t分布表より、「95%点」での値は「2.26」。

　これより、野球ボールの「重さ x 」は、

$$117-2.26\times\frac{3.65}{\sqrt{10}}\leq x\leq 117+2.26\times\frac{3.65}{\sqrt{10}}$$
$$114.4\leq x\leq 118.6$$

こんな感じで算出します。

● 「予測区間」とは

「信頼区間」と「予測区間」は、少し違います。

線形回帰モデルを「最小二乗法」で学習したとします。このとき、未知のデータ点「 x_i 」に対する真の値「 y_i 」は、求めた係数 α,β を用いて、次式で表さ

れます。

$$y_i = \alpha x_i + \beta + \mu_i$$

「μ_i」は、線形回帰の限界で、どう頑張っても 減らせない誤差になります。

さて、ランダムに得たデータ点で、最小二乗法を用いて回帰式を学習するとき、確率0.95である「x^*」に対する真の「y^*」は、次の区間に含まれるはずです。

（ただし $\hat{y} = \alpha x^* + \beta$ ）。

$$\hat{y} - t(n-p-1, 0.95)\sqrt{\left(\frac{1}{n} + \frac{(x^* - \bar{x})}{\sum_{i=1}^{n}(x_i - \bar{x})^2}\right)V_e} \leq y^* \leq \hat{y} + t(n-p-1, 0.95)\sqrt{\left(\frac{1}{n} + \frac{(x^* - \bar{x})}{\sum_{i=1}^{n}(x_i - \bar{x})^2}\right)V_e}$$

ここで、「p」は「説明変数」の数（ここでは $p=1$）、「V_e」は「残差分散」といい、下式で表わされます。

$$V_e = \sum_{i=1}^{n}\mu_i^2 = \sum_{i=i}^{n}\left(y_i - (\alpha x_i + \beta)\right)^2$$

しかし、これを**7章**のプロットに当てはめてみると、こうなります。

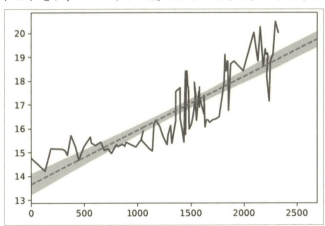

あら…全然データ点にハマっていないように見えます。

これはなぜかと言うと、信頼区間は、「$\alpha x_i + \beta$」における誤差に関する区間を意味します。

しかし、先ほども言ったように、線形回帰の限界ぶんの誤差を考慮していない状態です。

その「回帰直線」にももちろん誤差があるので、それを考慮してやらねばなりません。

分散の「加法性」を用いて、回帰直線からデータへの誤差を考慮に入れて分散を出します。

$$\mathrm{var}\left[ax_i + \beta + \mu_i\right] = \mathrm{var}\left[ax_i + \beta\right] + \mathrm{var}\left[\mu_i\right]$$

$$\mathrm{var}\left[ax_i + \beta + \mu_i\right] = \left(1 + \frac{1}{n} + \frac{\left(x^* - \overline{x}\right)}{\sum_{i=1}^{n}\left(x_i - \overline{x}\right)}\right)V_e$$

したがって、95%の予測区間は、下式になります。

$$\hat{y} - t\left(n - p - 1, 0.95\right)\sqrt{\left(1 + \frac{1}{n} + \frac{\left(x^* - \overline{x}\right)}{\sum_{i=1}^{n}\left(x_i - \overline{x}\right)^2}\right)V_e} \le y^* \le \hat{y} + t\left(n - p - 1, 0.95\right)\sqrt{\left(1 + \frac{1}{n} + \frac{\left(x^* - \overline{x}\right)}{\sum_{i=1}^{n}\left(x_i - \overline{x}\right)^2}\right)V_e}$$

式としてはほとんど変わりません。
「1」を足しただけですが、プロットしてみると、

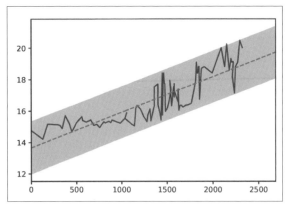

ほとんどすべてのプロットが、範囲内に収まりました！
これを「**予測区間**」と言います。

「信頼区間」と「予測区間」は混同されがちなので、それぞれがもつ意味についてはおさらいしておくのがいいでしょう。

おわりに

　この本は、身近な出来事を、「数学」という道具を使って見てみよう、というものでした。

　何気ない日常でも、視点や道具を変えると、さまざまな発見があることを実感できたと思います。

　「数学なんて何の役に立つんだ？」と言う人をたまに見掛けます。

　たしかに、大人になって「積分記号」や「シグマ」を使う人は多くないでしょう。しかし、うまく使うと、これほどまでに好奇心を刺激するものなのです。

　これは、数学に限ったことではないと思います。地理を学んだあとの旅行での感じ方、日本史を学んだあとの史跡の感じ方、数学物理を学んだあとの日常現象の感じ方。

　何の役に立つかうんぬんというより、そういう感じ方が変わるから勉強は楽しいのです。

　私は、そういった、物事に対する感受性が豊かになることが、「教養」だと思っています。

　この本が、読んでくださった方の好奇心を刺激し、教養の糧となれば幸いです。

謝　辞

　本書は、一人の力では決してできませんでした。
　数式や文書全体の見直しに協力してくださったチカ(@ch_1_k_a)さん、あすあす(@Asdf_QwertyZ)さん、イラストレータを探しているとき、紹介してくださった団子(@S_dango)さん、そしてかわいい猫のイラストを描いてくださったイラストレータのふかふか(@hisuiinc)さん。
　さまざまな方の協力によって、本書が完成しました。この場を借りてお礼申し上げます。

　このような方々との出会いもまた、多くはブログを通じてでした。自分の興味のあることを発信すると、いろいろなつながりが増えていきます。
　自分が前々から気になっていた好奇心を文章にしてみようと、インターネットに発信したことで、今までは自分の中で閉じていた考えが、このような「本」という形になったことをとても嬉しく思います。

ほけきよ

索　引

アルファベット順

■著者略歴

ほけきよ

東京大学大学院工学系研究科航空宇宙工学専攻を卒業後
大手研究所にて、人工知能・データ分析の研究に従事。
2018年よりIoTスタートアップのCTOに就任。

本業の傍ら、趣味でブログ「プロクラシスト」を運営。
数学やテクノロジーに関する「やってみた系」記事が人気で、
月間PVは15万に上る。

http://www.procrasist.com/

趣味は旅。東京 - 愛媛 (ママチャリ)、東北一周 (下道)、アメリカ横断 (車)、
イタリア縦断 (クラシックカー)、モロッコ・カザフスタン旅 (一人) などなど、
時間を見つけては面白いモノ / コトを探しフラフラしている。

本書の内容に関するご質問は、

① 返信用の切手を同封した手紙
② 往復はがき
③ FAX (03) 5269-6031
　 (返信先の FAX 番号を明記してください)
④ E-mail　editors@kohgakusha.co.jp

のいずれかで、工学社編集部あてにお願いします。
なお、電話によるお問い合わせはご遠慮ください。

サポートページは下記にあります。

[工学社サイト]
http://www.kohgakusha.co.jp/

I/O BOOKS

身近な数学　数学で世界への見方が変わる!

2019 年 1 月 25 日　初版発行　ⓒ 2019	著　者　ほけきよ
	発行人　星　正明
	発行所　株式会社 工学社
	〒160-0004 東京都新宿区四谷 4-28-20 2F
	電話　　(03) 5269-2041 (代) [営業]
	(03) 5269-6041 (代) [編集]
※定価はカバーに表示してあります。	振替口座　00150-6-22510

印刷：図書印刷 (株)　　　　　　　　　　　　　　　　ISBN978-4-7775-2070-1